互联网口述历史
第 1 辑
英雄创世记

06

让互联网精神扎根中国

胡启恒

Hu Qiheng

主编
方兴东

中信出版集团 | 北京

图书在版编目（CIP）数据

胡启恒 : 让互联网精神扎根中国 / 方兴东主编. --
北京 : 中信出版社, 2021.4
（互联网口述历史. 第1辑, 英雄创世记）
ISBN 978-7-5217-1313-8

Ⅰ. ①胡… Ⅱ. ①方… Ⅲ. ①互联网络—普及读物②
胡启恒—访问记 Ⅳ. ①TP393.4-49②K826.16

中国版本图书馆CIP数据核字（2019）第294734号

胡启恒：让互联网精神扎根中国
（互联网口述历史第 1 辑 · 英雄创世记）

主　　编：方兴东
出版发行：中信出版集团股份有限公司
（北京市朝阳区惠新东街甲4号富盛大厦2座　邮编　100029）
承 印 者：北京诚信伟业印刷有限公司

开　　本：787mm × 1092mm　1/32　　印　　张：4.5　　字　　数：62千字
版　　次：2021年4月第1版　　印　　次：2021年4月第1次印刷
书　　号：ISBN 978-7-5217-1313-8
定　　价：256.00元（全8册）

互联网口述历史团队

学　术　支　持：浙江大学传媒与国际文化学院

学术委员会主席：曼纽尔·卡斯特（Manuel Castells）

主　　　　编：方兴东

编　　　　委：彭　波　倪光南　熊澄宇　田　涛　王重鸣　吴　飞　徐忠良

访　谈　策　划：方兴东

主　要　访　谈：方兴东　钟　布

战　略　合　作：高忆宁　马　杰　任喜霞

整　理　编　辑：李宇泽　彭筱军　朱晓旋　吴雪琴　于金琳

访　　谈　　组：范媛媛　杜运洪

研　究　支　持：钟祥铭　严　峰　钱　竑

技　术　支　持：胡炳妍　唐启胤

传　播　支　持：李　可　张雅琪

牵　头　执　行：

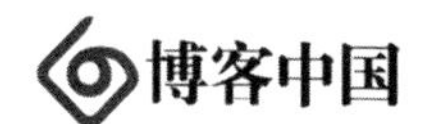

学术支持单位：

浙江传媒学院
COMMUNICATION
UNIVERSITY
OF ZHEJIANG

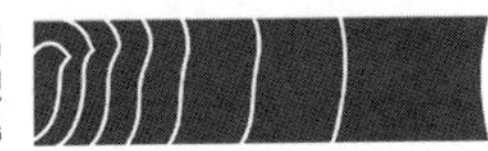

浙江大学社会治理研究院

互联网与社会研究院

特 别 致 谢：

本项目为2018年度国家社科基金重大项目“全球互联网50年发展历程、规律和趋势的口述史研究”（项目编号：18ZDA319）的阶段性成果。

目　录

总序　人类数字文明缔造者群像

方兴东

“互联网口述历史”项目发起人

新冠疫情下，数字时代加速到来。要真正迎接数字文明，我们既要站在世界看互联网，更要观往知来。1994年，中国正式接入互联网，至那一年，互联网已经整整发展了25年。也就是说，我们中国缺席了互联网50年的前半程。这也是“互联网口述历史”项目的重要触动点之一。

“互联网口述历史”项目从2007年正式启动以来，到2019年互联网诞生50周年之际，完成了访谈全球500位互联网先驱和关键人物的第一阶段目标，覆盖了50多个国家和地区，基本上涵盖了互联网的全球面貌。2020年，我们开始进入第二阶段，除了继续访谈，扩大至更多的国家和地区，我们更多的精力将集中在访谈成果的陆续整理上，图书出版就是其中的成果之一。

通过口述历史，我们可以清晰地感受到：互联网是冷战的产物，是时代的产物，是技术的产物，是美国上升期的产物，更是人类进步的必然。但是，通过对世界各国互联网先驱的访谈，我们可以明确地说，互联网并不是美国给各国的礼物。每一个国家都有自己的互联网英雄，都有自己的互联网故事，都是自己内在的需要和各方力量共同推动了本国互联网的诞生和发展。因为，互联网真正的驱动力，来自人类互联的本性。人类渴望互联，信息渴望互联，机器渴望互联，技术渴望互联，互联驱动一切。而 50 年来，几乎所有的互联网先驱，其内在的驱动力都是期望通过自己的努力，促进互联，改变世界，让人类更美好。这就是互联网真正的初心！

互联网是全球学术共同体的产物，无论过去、现在还是将来，都是科学世界集体智慧的成果。50 余年来，各国诸多不为名利、持续研究创新的互联网先驱，秉承人类共同的科学精神，也就是自由、平等、开放、共享、创新等核心价值观，推动着互联网不断发展。科学精神既是网络文化的根基，也是互联网发展的根基，更是数字时代价值观的基石。而我们日常所见的商业部分，只是互联网浮出水面的冰山一角。互联网 50 年的成功是技术创新、商业创新和制度创新三者良性协调联动的结果。

可以说，由于科学精神的庇护和保驾，互联网 50 年发展顺风顺水。互联网的成功，既是科学和技术的必然，也是政治和制度的偶然。互联网非常幸运，冷战催生了互联网，而互联网的爆发又恰逢冷战的结束。过去 50 年，人类度过了全球化最好的年代。但是，随着以美国政府为代表的政治力量的强势干预，以互联网超级平台为代表的商业力量开始富可敌国、势可敌国，我们访谈过的几乎所有互联网先驱，都认为今天互联网巨头的很多作为，已经背离互联网的初心。他们对互联网的现状和未来深表担忧。在政治和商业强势力量的主导下，缔造互联网的科学精神会不会继续被边缘化？如果失去了科学精神这个最根本的守护神，下一个 50 年互联网还能不能延续过去的好运气，整个人类的发展还能不能继续保持好运气？这无疑是对每一个国家、每一个人的拷问！

中国是互联网的后来者，并且逐渐后来居上。但中国在发展好和利用好互联网之外，能为世界互联网做什么贡献？尤其是作为全球最重要的公共物品，除了重商主义主导的商业成功，中国能为全球互联网做出什么独特的贡献？也就是说，中国能为全球互联网提供什么样的公共物品？这一问题，既是回答世界对我们的期望，也是我们自己对自己的拷问。“互联网口述历史”项目之所以能够得到全世界各界的大力支持，并产生世界范围的影响，极重要的原因之一就是这个项目首先是一个真正的公共物品，能够激发全球互联网共同的兴趣、共同的思考，对每一个国家都有意义和价值。通过挖掘和整理互联网历史上最关键人物的历史、事迹和思想，为全球互联网的发展贡献微薄之力，是我们这个项目最根本的宗旨，也是我们渴望达到的目标。

前言

胡启恒，1934年出生于北京。父亲很早就去世了，母亲生于书香门第，虽没有进过学堂，却不仅写一手漂亮的灵飞经小楷，还能写优美的诗词。父亲去世后，母亲曾经做过抄写，以微薄的收入抚育着兄妹俩。母亲自强不息的精神让胡启恒明白，人活在这个世界上，就要做一个有益于这个世界的人。

20世纪50年代，毛主席的一段话，曾经让一代人刻骨铭心："世界是你们的，也是我们的，但归根结底是你们的。你们青年人朝气蓬勃，正在兴旺时期，好像早晨八九点钟的太阳。希望寄托在你们身上。"

那一年，胡启恒23岁，正在苏联莫斯科化工机械学院攻读自动化专业。学校礼堂里热烈的场面，毛主席那充满激情和期望的演讲，在她的心中留下了深刻的印迹。

1963 年留苏归国后，胡启恒一直在中国科学院自动化研究所从事研究工作。“文革”期间，她和同事们有很多时间看书、阅读资料，开始接触模式识别[①]，并对这个新的研究方向产生了兴趣，与自己所在的课题组一起开始学习、研究，转向模式识别这个方向。20 世纪 70 年代中期，胡启恒和同事们一起为邮政部门研制出了中国第一台邮政信函自动分拣机中“手写数字识别机”的样机。

20 世纪 80 年代，改革开放的方针唤醒了人们心中对于科技创新的渴求。在这个时候，胡启恒被调到中国科学院领导机关，开始学习、从事科研管理。中国科学院有积淀深厚的应用研究力量、丰厚的研究成果，却因为计划经济体制下科研与企业隔山隔海、互不相闻，许多有实用价值的科研成果停留在论文阶段，缺少进一步开发为现实生产力的接力研究机制。

在中国科学院党组领导下，胡启恒认识到“科学要面向经济”不仅是科技体制改革的重要指导方针，也是中国科学院自身发展创新的内在需求。她就是这样，以积极主

---

① 模式识别技术，是人工智能的基础技术。

动的心态，尽心尽力参与了中国科学院这一阶段的体制改革和管理工作。

20 世纪 90 年代，互联网的浪潮已经喷薄而至，中国计算机界有识之士也及时提出了对于计算机联网研究方向的真知灼见，并积极开展计算机网络的研究。在历史进程的重要关头，有这样一群人脱颖而出，他们没有错过时代提供的机会，在关键时刻，抓住关键问题，团结一心，进行了不懈的努力，做出了独特的贡献，创造了伟大的奇迹。他们是推动历史进程的代表人物，是凝聚时代变革要求的推动者。

1994 年 4 月 20 日，是一个值得铭记的日子。这一天，中国与世界实现了全功能联网，搭上了互联互通的时代快车！ 25 年春华秋实，互联网催化之下全民迸发的互联网精神和创业精神促成了能量大爆发，两股能量自下而上呼应了改革开放的大潮，助力并成就了中国崛起。互联网成为中国社会与民众最大的赋能者！可以说，互联网是为中国准备的，因为有了互联网，21 世纪才属于中国。

如今，胡启恒院士虽已年逾八旬，却仍在孜孜不倦地学习。她平等待人，循循善诱，保持着互联网时代年轻人的心态，以开放的胸怀不断接纳新生事物。

她为中国互联网事业的发展做出了开拓性的贡献，由她倡议和创建的中国互联网协会[①]，对网络的健康发展起到了不可或缺的作用。

终其一生，她都在践行着母亲的那句无声的期许：做一个有益于世界的人！

---

① 中国互联网协会（Internet Society of China，缩写为 ISC），成立于 2001 年 5 月 25 日，由国内从事互联网行业的网络运营商、服务提供商、设备制造商、系统集成商以及科研、教育机构等 70 多家互联网单位共同发起成立，是由中国互联网行业及与互联网相关的企事业单位自愿结成的行业性、全国性和非营利性的社会组织。现有会员 400 多个，协会的业务主管单位是工业和信息化部。

人物生平

胡启恒，1934 年出生于北京，原籍陕西榆林。分别于 1959 年和 1963 年获得苏联莫斯科化工机械学院的学士、技术科学副博士学位。1994 年当选中国工程院院士。曾任中国自动化学会理事长，中国计算机学会[①]理事长，中国

① 中国计算机学会（CCF），成立于 1962 年，是中国计算机科学与技术领域群众性学术团体，属一级学会，独立法人单位，是中国科学技术协会的成员。

科学院副院长，中国科协副主席，中国互联网络信息中心[①]工作委员会主任委员。

她是中国模式识别与人工智能领域最早的探索者之一。1970 年，负责并成功研制中国第一只电动假手。1976 年，组织研制成功中国第一台用于邮电部门信函自动分拣流水线的手写数字识别样机。曾领导中国科学院开放性实验室"模式识别实验室"的建设，为中国模式识别学科的早期发展做出了贡献。

2001 年被选为第一届中国互联网协会理事会理事长。2013 年入选国际互联网名人堂，成为获得全球互联网最高荣誉的首位中国人。

---

① 中国互联网络信息中心（China Internet Network Information Center，也称 CNNIC），是经国家主管部门批准，于 1997 年 6 月 3 日组建的管理和服务机构，行使国家互联网络信息中心的职责。作为中国信息社会基础设施的建设者和运行者，中国互联网络信息中心以"为我国互联网络用户提供服务，促进我国互联网络健康、有序发展"为宗旨，负责管理维护中国互联网地址系统，引领中国互联网地址行业发展，权威发布中国互联网统计信息，代表中国参与国际互联网社群。

三次访谈

访谈者：方兴东
整理者：吴雪琴
三次访谈时间：
2007年
2013年12月26日
2016年6月18日

什么是互联网精神

访谈者：您从中国计算机学会（下文简称计算机学会）到中国互联网络信息中心，再到中国互联网协会（以下简称互联网协会）。中国互联网最初有这么多部门在管，您觉得这个管理机制是怎么形成的？

胡启恒：这是我感到自豪的一件事，即我们中国互联网的初期生长方式与世界互联网的自动延伸是很相似的，特别是互联网企业群体的发生、发展，主要依靠民间、自主、自愿、自发的首创精神，这个过程使我感受到多利益相关方（multi stakeholder）的参与对于互联网的重要意义。到后来2003年、2005年联合国举办信息社会世界峰会[1]的时候，会议基本文件都在强调互联网的治理需要多利益相关方的参与。而我们在 20 世纪 90 年代建立中国互联网络信息中心工作委员会的时候，不仅企业、学术界有参与，体现了多利益相关方，而且政府主管部门也有直接参与。整个工作委员会的建立，是在政府主管部门的批准和支持下进行的，从而充分体现了政府的主导作用。“政府的参与和在某些方面的主导作用”，是对多利益相关方原则的重要补充。在信息社会世界峰会以后，这个重要的补充已经逐渐被接受，成为全球互联网治理的一个共识。

访谈者：互联网的管理跟电影、电视都不一样，它不隶属于哪一个部门，从一开始就跟别的领域不一样。您能谈谈中国互联网最初的管理雏形是如何形成的吗？

胡启恒：中国互联网最初的管理是一种制度创新，虽然没有达到理想状态，但这对中国互联网的初期发展是

① 信息社会世界峰会（World Summit on the Information Society，缩写为 WSIS），是有各国领导人参加的最高级别的互联网会议，与会的领导人致力于利用信息与通信技术的数字革命的潜能造福人类。峰会是一个广泛接纳利益相关方参与的进程，其中包括政府、政府间和非政府组织、私营部门和民间团体。

胡启恒在互联网实验室接受方兴东采访

至关重要的。在中国科学院（下文简称科学院）学部召开的 2013 年度科技伦理研讨会上，科研道德委员会让我谈互联网精神，我觉得很好。过去老是讲互联网故事，故事讲很多了，但是那一次让我讲互联网精神。我觉得我们现在更应该关注互联网的精神，因为互联网物质上的强大，已经是人人都承认、都认可的了。这个行业太大了，而且它在经济方面的能量，是没有什么东西能够比得了的，但是还没有多少人关注互联网精神这个事儿。

访谈者：您觉得什么是互联网精神呢？

胡启恒：什么是互联网精神？我觉得它有它的基因，这个东西应该是互联网与生俱来的。我感到高兴的是互联网来到了中国，在与它的出生之地条件差距这么大的一个环境里，居然还保留了原始气质，我真是为这个感到骄傲。我想这应该是因为在那时的中国，改革开放的方针不但深入人心，而且也体现在政策和法规环境里。

我觉得互联网精神在国际互联网名人堂[①]里有所体

① 国际互联网名人堂（Internet Hall of Fame），又译网络名人堂、互联网名人堂，是一个始于 2012 年的荣誉奖项，由国际互联网协会（ISOC）进行提名征选，以表彰对互联网发展做出伟大贡献的人物。

现。2013 年 1 月，26 岁的美国人亚伦 · 斯沃茨[①]在公寓自杀，但 2013 年 6 月，在德国宣布的入选名单里就有亚伦 · 斯沃茨，国际互联网协会[②]追认他进了国际互联网名人堂。[③]

亚伦 · 斯沃茨实际上违犯了知识产权法，经过长期的法庭较量，最后当他从律师那儿得知自己有可能要被判 100 万美元的罚款、35 年的监禁时，就上吊自杀了。这个 26 岁的年轻人才华横溢，为互联网发展做了很多贡献，可是就这样死了。国际互联网名人堂依然追认了他，我觉得这就是互联网精神的一种体现。这并不是说他做得都对，他的确是违法了，但是他那种追求理想、面向未来、造福全人类的精神属于互联网的精神，互联网是属于未来的。我认为这

---

① 亚伦 · 斯沃茨（Aaron Swartz），生于 1986 年 11 月 8 日，年少成名的计算机天才，因涉嫌非法侵入麻省理工学院和 JSTOR（Journal Storage，存储学术期刊的在线系统）被指控。该案在认罪辩诉阶段时，亚伦 · 斯沃茨却于 2013 年 1 月 11 日在其寓所内自杀。

② 国际互联网协会（Internet Society，缩写为 ISOC），成立于 1992 年 1 月。一个全球性的互联网组织，在推动互联网全球化，加快网络互联技术、应用软件发展，提高互联网普及率等方面发挥重要的作用。

③ 2013 年 6 月，国际互联网协会公布的互联网名人堂入选名单里就有亚伦 · 斯沃茨。

个精神我们应该倡导，现在不少人已经忘记了什么是高尚的精神了，只有金钱至上，但是我觉得互联网精神很不一样，应该把精神的问题提到一个相当的高度。

亚伦死了以后，紧接着，2013 年的 8 月，谷歌胜诉。谷歌和美国作家协会（Authors Guild）的官司打了 8 年，最终联邦法院判谷歌胜诉，因为谷歌想要扫描所有的书，其根本目的是实现最早设计互联网的那个理想[①]。互联网是服务于每一个人的，亚伦 · 斯沃茨认为应该把所有的书都扫描下来放到一个图书馆里，全世界每一个人都可以不花钱就能看到，不是说看书中的全部内容，而是作为一个索引，用户能知道这本书对他是否确实有用，以及在哪儿可以找到、买到这本书。他就是希望每个人都能通过互联网数字图书馆找到世界上所有的书，但当他去扫描那些有知识产权保护的书籍、文献的时候，被人抓住了。他确实是违犯了知识产权法。

---

① 谷歌的"数字图书馆计划"可以追溯到 2004 年，当时谷歌与美国纽约公共图书馆、哈佛大学图书馆、斯坦福大学图书馆、牛津大学图书馆等多家大型图书馆达成协议，通过扫描将馆藏的纸质书籍数字化上传至 Google Books，借此打造人类最大最全的图书库，从而实现公共资源的最大化利用。

我觉得他做这件事有点纯粹理想主义，超越现实了，但是这种精神值得倡导。所以后来美国联邦法院判谷歌胜诉，我觉得这也是非常好的，非常值得我们借鉴，不能老是站在发展的后面，甚至是对立面，可以选择给那些为了未来而努力的人开一条路。

访谈者：对，包括中国也应该是这样。

胡启恒：我觉得我们的与互联网有关的一些组织，包括互联网协会，包括互联网实验室[①]，都应该大声地来宣传互联网精神。

访谈者：我觉得我们的这些互联网企业家，在互联网精神这方面做的工作太少了，就是这种开放共享的东西做得太少。

---

① 互联网实验室（chinalabs.com），由方兴东、王俊秀创立于 1999 年 8 月，是中国第一家具有全球视野和全球影响力的互联网智库和创业孵化器，全程见证并参与了中国互联网的发展和繁荣。20 多年来，互联网实验室立足于中国互联网和高科技领域，以富有前瞻性和洞察力的研究为核心，形成了由研究、咨询、活动、数据及孵化等构成的业务体系，服务经验丰富，行业影响力独具。

胡启恒：当然是了，这个应该是大家都来提倡。学术界也还没有太重视这个问题。互联网谁都离不了，但是这个互联网现在还有精神吗？

我觉得这个问题值得大家来关注、研究。而且我觉得，互联网和其他创新不一样，其他创新就是一个技术创新，互联网不一样，互联网是一个时代。为什么说它是一个时代？它跟精神是有关系的，信息时代的人就应该有信息时代的精神标尺，比如你在网上侵犯别人的隐私，这就不符合信息时代的精神，不符合信息时代的道德标准，我们得把这个道德标准相应地提高才行。因为信息时代每一个人都有了那么强大的力量，可以把一件事马上告诉全世界的人，如果他不遵守信息时代的道德规范，那别人会受多么大的伤害啊！这不但侵犯了个人的权利，而且还侵犯了国家的安全。所以这个道德和精神一定要随着技术的发展往上提升，这个问题我们应该倡导，在国际上也有人在研究互联网精神。

“0.7 分”优势获得联网主导权

访谈者：虽说时势造英雄，但个人在里面的作用也不能忽视，您能谈谈您个人的经历吗？

胡启恒：我的经历很简单，一直在学习。1963 年从苏联回国后我很幸运地被科学院自动化研究所收留下来，在那里从事研究工作，并在 1983 年被调到科学院领导机关，开始学习、从事科研组织管理工作。

访谈者：早期接入互联网的时候，那时候电子工业部（以下简称电子部）和邮电部还是分开的吧?

胡启恒：是分开的。为了接入世界互联网，我们主要是得到了邮电部的支持。到了 2001 年，我是作为中国科学技术协会[①]（下文简称科协）的一个副主席，参与了互联网协会的发起和组建工作，并荣幸地被选为首届理事会理事长。

访谈者：科协、科学院、电子部、邮电部，以及后来的工信部（工业和信息化部）、国信办（国务院信息化工作办公室）等，这么多跟互联网相关的部门，为什么科学院能够主导很多事情？我觉得如果一开始是别的部门来负责引

① 中国科学技术协会（CAST），是中国科学技术工作者的群众组织，由全国学会、协会、研究会和地方科协组成，组织系统横向跨越绝大部分自然科学学科和大部分产业部门，是一个具有较大覆盖面的网络型组织体系。

进互联网，那结果可能完全不一样。

胡启恒：那可能会完全不一样。如果把互联网引进来这件事是落在某一个政府部门，我相信它和我们的做法的确会很不一样。

访谈者：这个道路或许就是另外一个故事，您怎么看待这种偶然性？

胡启恒：这个偶然性，我最近倒是回忆了一下。说起引进互联网的起因，当然还要说 NCFC[①]，这个项目最开始怎么论证的我不知道，就是当国家计划委员会（以下简称计委，现为国家发展和改革委员会）已经定下来这个项目，到了要科学院和清华、北大三家来投标的时候，科学院投标的这个任务就进入了我的视野。我的任务首先是组织队伍去投标。当时科学院高技术局局长宁玉田[②]亲自组织了几个

---

① NCFC，全称为 The National Computing and Networking Facility of China，即中国国家计算机与网络设施。1989 年 8 月 26 日，经过国家计委组织的世界银行贷款 NCFC 项目论证评标组的论证，中国科学院被确定为该项目的实施单位，于同年 11 月组成了 NCFC 联合设计组。NCFC 是国内第一个示范网络。

② 宁玉田，1938 年 9 月生，研究员。曾任中国科学院技术科学与开发局总工程师，中国科学院计算机网络中心主任等。

很强的队伍，专门找了一个地方，专心研究怎么样能把标书写好。

当时参加投标的三家单位中，科学院的投标、答辩以0.7分的优势领先。知道这个结果，我很紧张。我想，现在到处办事都是讲究“关系”的，我们要是比人家多多一点还好，可是就多那0.7分，这0.7分很容易被抹掉，人家关系网一运作，我这个0.7分就不灵了。我就赶紧去找主持NCFC项目招标的计委副主任张寿[①]，我说：“张寿同志，我们这个招标可是在计委正式的主持下进行的，招标分数算不算？我认为应该是分数面前人人平等。”张寿说：“你放心，就是分数面前人人平等，我要是讲人情什么的，讲不过来，你们一个一个的都有人情，都有背景，我跟谁讲去。”有他这句话我就放心了，后来NCFC建设是由科学院来主导的。

---

① 张寿，生于1930年，江苏常熟人。曾任上海交通大学工程物理系副主任、船舶制造系主任、第一副校长，国家计委副主任兼国家信息中心主任，中国船舶工业总公司总经理等。于2001年10月1日逝世。

我在向周光召[①]院长汇报的时候，说我们组织了专门的队伍，关起门来干了很长时间，很辛苦，他们很努力，最后我们胜出了，但是胜出不多，只有 0.7 分。周院长说："那说明工作没做好啊，怎么只领先 0.7 分？"

访谈者： 这个项目如果是清华或者其他学校主导的话，可能故事也不一样。

胡启恒： 很可能也不一样。但是我想我们可能还是会来做这件事，因为当时科技界和教育界对互联网的需求都非常迫切。这个需求首先是从科学国际交流合作层面来说的，例如科学院的高能物理研究所跟欧洲核子研究组织[②]有高能物理方面的合作。北京的高能物理研究所的正负电子对撞机

---

① 周光召，1929 年 5 月生，湖南宁乡人，著名科学家。曾任中国科学院院长、党组书记，中国物理学会副理事长，中国国际交流协会副会长，中国科学技术协会常务理事、副主席，中国国际科技促进会副会长，国家科技领导小组成员等。

② 欧洲核子研究组织（European Organisation for Nuclear Research，法语全称为 Conseil Européenn pour la Recherche Nucléaire，缩写为 CERN），成立于 1954 年 9 月 29 日，是世界上最大型的粒子物理学实验室，也是万维网的发源地。

运行产生的海量数据，由北京谱仪[①]记录下来，需要与欧洲核子研究组织交流共享。这些数据当时该怎么传递呢?在没有互联网之前，只能用X.25[②]交换，相当于支付打长途电话的费用，贵得不得了，效率也很低。科研经费很大部分要用于数据传输，都交给邮电部当作话费了。所以，科学界对于计算机直接联网的需求的确是非常迫切的。

1993年，我们基本完成了世界银行任务[③]，三个校园网——清华、北大、科学院的校园网建设都完成了，主干网也连上了，就等候主机。可是当时在美国主导下中国购买超高速计算机是有限制的。同意我们购买的，我们又觉得不够满意。所以，我们NCFC管委会就按兵不动，因为不能轻易把经费用于购买不能满足使用要求的机器。这个时

---

① 北京谱仪（BES），是一台大型通用探测器，安放在BEPC储存环南端的对撞区，正、负电子束流在谱仪中心发生对撞。它是我国自行设计和研制的大型粒子物理实验装置，由多种子探测器组合而成。

② X.25，是一个使用电话或者ISDN（综合业务数字网）设备作为网络硬件设备来架构广域网的ITU-T（国际电信联盟电信标准分局）网络协议，是第一个面向连接的网络，也是第一个公共数据网络。在国际上X.25的提供者通常称X.25为分组交换网，尤其是那些国营的电话公司。它们的复合网络从20世纪80年代到90年代覆盖全球，现在仍然应用于交易系统中。

③ 指NCFC项目。

候，在 NCFC 管委会上，我们就提出了要联接互联网的问题。我当时是 NCFC 项目管委会主持人，管委会的组成是计委和科学院协商确定的，成员单位有两个高校、计委、科委（国家科学技术委员会）、国家自然科学基金委员会和科学院。

访谈者：当年的一些文档现在还保存着吗？

胡启恒：应该保存着相当一部分文档吧。当时主要是 NCFC 的会议记录。到了 1993 年以后，基本上 NCFC 会议的内容就慢慢从讨论 NCFC 的一些具体的问题，转移到了国际联网上。NCFC 项目还要感谢当时的教委（国家教育委员会），因为当时我们就多 0.7 分。我们牵头，清华、北大的人难免不服气。在这种情况下，我的想法是一定要把大家团结在一起，千万不能打架。作为科学院，我们一定得承认两所名校的强大，承认他们的优秀，所以我对他们非常恭敬，一个一个地拜访，在成立 NCFC 管委会之前，我去拜访过当时的教委主任朱开轩教授[①]，他对我说："你放心，我们学校投标没有得中，

① 朱开轩，1932 年 11 月生，上海金山人。高级工程师。曾任中纪委驻国家教委纪检组组长、国家教委主任等。

他们的心情确实不好，但我们会顾全大局，一定会尊重牵头单位，你们的责任很大，要对计委负责，要对世界银行这笔贷款负责，所以管委会决定了就干，不必事事来教委汇报。”这个指示对我真是一个及时雨。因为，这个项目本来是跨部门的项目，是科学院和教委两个单位之间的事情，要讨论 NCFC 的工作怎么做、钱怎么用等，如果要在两个部门之间打交道、合作，这样合作太困难，效率太低。所以，朱开轩主任授权 NCFC 管委会来决定和这个项目有关的事情，对我们牵头单位是最大的支持。这个项目当时有 420 万美元和 500 万人民币的经费，加在一块有 5000 万人民币。在当时这是很大的一笔钱，虽然现在看起来太少了。

然后，我又去拜访了两个大学的副校长。代表清华参加管委会的是梁尤能[①]副校长，他让我不要有顾虑，他们一定会在管委会里团结合作，大家一定要把这个任务搞好。清华副校长给我这样的表态，我就放心了。北大计算机

---

① 梁尤能，1935 年 4 月生，四川达县人。曾任清华大学副校长、常务副校长。

中心的主任当时是张兴华[①]，他的态度也是如此。所以后来 NCFC 的工作一直非常顺利，大家团结合作，非常愉快，没有任何的矛盾、冲突、摩擦。虽然对很多事情大家有不同的意见，但是我们都能够摆到桌面上来公开讨论。我们的财务是完全公开的，每次开管委会，我都会把财务报表拿出来先念，钱怎么用的，都向大家报告，因为项目经费后来就依托在科学院，由科学院掌握。事情都是大家商量一起办，因为这个项目不仅牵涉到三个单位——科学院、清华、北大，还牵涉到发改委（国家发展和改革委员会）、科技部、教育部，还有国家自然科学基金会，这么多的单位，每个单位都有一个代表，一开起会至少要七个人。我们这个管委会虽然级别不高，但很民主、很公开，这是有效合作的基础和前提。

---

① 张兴华，1938 年 12 月生。曾任中国互联网络信息中心工作委员会委员，中国中文信息学会常务理事，中国计算机学会科普工作委员会副主任，中国机器学习学会理事，北京大学计算中心主任、教授。

时代浪潮催生出的联网

访谈者：当时经费主要是世界银行拨的贷款吗？

胡启恒：420万美元是世界银行拨款，500万人民币是计委的匹配，这个420万美元等于是计委借了世界银行的钱，然后由计委去还，用途是几个高校超级计算机的资源共享。因为当时计委接到很多的报告，科学院、清华、北大，还有很多其他学校都提出买超级计算机的需求，所以计委干脆拨一部分钱，再向世界银行借一部分钱，买一个超级计算机，然后各个高校和科学院在中关村地区的研究所联网共用这个机器。这个想法是对的，所以NCFC这个项目得到了大家的支持。

但是计委想的是买一个大机器，而不是让我们把这个网连出去。所以当时这个项目的任务书里头，并没有包括要连接国际互联网，只是说连接到将要建立的、位于中关村的超级计算中心。当时我们买这个高速计算机受阻，因为巴黎统筹委员会[①]不同意卖给中国高性能的机器，但是技术队伍不能停下来等着做工程。那怎么办呢？我们就想到让大家都同意国际联网。计委、科委、国家自然科学基金会以及科学院都派代表，另外还有科学院高技术局里的一个代表宁玉田，一共是十个人，大家一讨论，没有任何异议，都认为应该进行国际联网。

可是NCFC任务书上没有这个任务，也就没有经费，这5000万元不能用于国际联网。国际联网的经费只能自筹。科委首先表态，当时高新技术司的司长冀复生[②]，率先提出科委可以拿出大概300万元。然后国家自然科学基金委员会的第一任代表师昌绪[③]先生，后来中途又换成了陈佳

① 巴黎统筹委员会（Coordinating Committee for Export to Communist Countries），正式名称为输出管制统筹委员会，1949年11月成立，总部设在巴黎。它是第二次世界大战后西方发达工业国家在国际贸易领域中纠集起来的一个非官方的国际机构，其宗旨是在限制成员国向社会主义国家出口战略物资和高科技技术。1994年4月1日，正式宣告解散。

② 冀复生，科技专家。曾任《信息技术快报》执行主编、中国驻前联合国的科技参赞、科学技术部高新技术司司长等。

③ 师昌绪，1920年11月出生于河北省徐水县，材料科学家。曾任中国科学院金属研究所所长、中国科学院技术科学部主任、国家自然科学基金委员会副主任、中国工程院副院长等。逝于2014年11月10日。

洱[①]先生，表示国家自然科学基金委员会可以出资大约200万元。后来我说，我们国际联网需要多少钱，剩下不够的完全由科学院兜底。

总而言之，相当于这笔钱是“自筹”的，不是NCFC项目的了。项目经费是不能动的，我们就自己掏钱来做国际联网这件事。所以后来我去跟邮电部商量，告诉他们租用线路不能要我们双倍的钱，他们说，要是两个学校跟科学院共用这条线，等于科学院转租了自己的信道，那就应该收双倍，甚至更高。我说，我们不赢利啊。他们说，那也不行，按照他们的规定就是这样。我大约又去找了朱高峰[②]副部长两次，朱高峰副部长很开明，后来还是他破例为我们解决了。

朱高峰副部长表示，邮电部给这个计算机网络用的信道，作为特殊情况收费。就这样，事情后来得到了妥善解决，这等于说我们当时办这件事，是先从底层提出问题，

---

① 陈佳洱，1934年10月生，上海市人。中国科学院院士，第三世界科学院院士，教育家，加速器物理学家。曾任北京大学校长，国家自然科学基金委员会主任、党组书记等。

② 朱高峰，1935年5月生，中国工程院院士，通信技术与管理专家。曾任邮电部副部长、中国通信标准化协会理事长等。

然后从底下去找上头。而政府的高级领导人很及时地给予理解和支持，这事情就这样成功了。

国际联网的政治障碍

访谈者： 互联网就这么连通了吗？当时如果需要政府部门同意的话，是哪里？计委？邮电部就根据项目的这个名义参与到互联网的建设中了，是吧？

胡启恒： 当时美国如果对我们很开放，让我们直接就顺利接入了，那我们很可能不会向更高层去报告，也就只是科学院做了一件科学国际合作所需要的事情，可能会报告计委和教委。但是那个时候因为美国那边有点障碍，钱华林[①]教授便利用在国外参加学术会议的机会找了很多的外国专家帮中国说话，支持中国加入世界互联网。其中就有美国科学院的副院长，我现在还能找到他当时给我写的信。

① 钱华林，1940 年 12 月生，中国科学院计算机网络信息中心研究员，曾任中国科学院网络信息中心副主任，中国国家顶级域名的技术联络员、行政联络员。2014 年入选国际互联网名人堂。

访谈者：是纸质信，不是电子邮件？

胡启恒：是用纸写的信，当时还没有那样的电子邮件。他是美国科学院的副院长，也是美国很活跃的一位社会活动家。我找他，问他能不能帮我们说点话，我们现在要进主干网，美国政府可能有些不同的想法。他给我的信上说，他们已经尽了很大努力，还在继续努力。另外当时的美国国家科学基金会[①]下面管网络国际合作的史蒂文·戈德斯坦[②]，来信也是这样说。他说他们已经做了很多努力，但是确实有一些技术之外的障碍，所以他们还需要继续努力。

我们这边的技术带头人和团队的领军人是钱华林，他是科学院网络信息中心的研究员。钱华林告诉我说，现在技术上需要解决的问题都解决了，但美国的网上关卡可能不对我们开放。后来我一想，这个问题可能真的就卡在所谓的这一点点的技术以外的障碍上。我就很着急，想这怎么办，

---

① 美国国家科学基金会（National Science Foundation，缩写为NSF）。美国独立的联邦机构，成立于1950年。任务是通过对基础研究计划的资助，改进科学教育，发展科学信息和增进国际科学合作等办法促进美国科学的发展。

② 史蒂文·戈德斯坦（Steven Goldstein），当时美国国家科学基金会国际连接的负责人。

怎么打破这障碍呢？我想要是我去找美国官方的话，没有中国政府做后盾，这样不太可能。于是我就跟周光召院长说，咱们科学院可能得打一个报告，总得有国家支持才可以。院长同意了，我们就赶紧起草了一个写给国务院的报告，那是在 1994 年 3 月，“科学院要求连接到世界的互联网”。

报告送到分管科技的国务委员宋健手上，宋健就批了。宋健批得很简单，就是“拟同意科学院意见，请邹家华同志阅示”。邹家华副总理批得比较多，他表示科学院的意见看起来是对的，但是，这样做了以后，会带来一些安全上的问题，希望科学院要同有关部门认真地研究解决这个问题。

后来还有罗干、李岚清两位副总理在上面画了圈，而且他们当时批得非常快，因为我 4 月 10 号就要启程去美国参加中美科技合作联委会[①]。自从邓小平去了美国，谈了双方的合作[②]，那个合作里很多内容都涉及一些大科学工程，与科学院有密切关系。这是跟美国之间的合作。这个合作就是每两年要开一次的联委会，双方的有关管理机构

① 中美科技合作联委会，是根据《中美科技合作协定》成立的中美政府间机构，每两年在两国轮流举行一次会议。成立于 1980 年。

② 指《中美科技合作协定》。

在一块儿碰头、协调，一次在中国，一次在美国。两边参加的官员来自科技部、环境保护部、双方的科学院等。那一年恰好是轮到在美国开会，又恰好我们周光召院长有别的事，说那一次的中美科技合作联委会，让我代表他去参加。我一想这会就在华盛顿开，是一个绝好的机会，我一定要抓住这个机会，争取解决这个问题。

这份报告恰好就在我出发之前批下来了，3 月底，批复很及时。我想，咱们这些领导实在是太棒了！批准了以后，我就心里有底了，然后我就去开会。

1994 年 4 月中旬，中美科技合作的例会在华盛顿召开。开这个会是宋健带队，我就向宋健表示我要办这么一件事，跟这个会没关系，但是我要去办，要去找美国国家科学基金会。他同意了。我利用开会以外的时间，先找了美国国家科学基金会的主任尼尔·莱恩，因为尼尔·莱恩来过中国访问，我们都认识。我跟他打了招呼，他说这个事要找斯蒂芬·沃尔夫[①]，斯蒂芬·沃尔夫

① 斯蒂芬·沃尔夫（Stephen Wolff），互联网创始人之一，Internet 2 首席科学家，董事会成员，研究部临时副总裁，首席技术官。国际互联网协会先驱成员，2002 年获国际互联网协会乔纳森·波斯特尔（Jonathan Postel）服务奖，2013 年入选国际互联网名人堂。

是美国国家科学基金会里主管国际合作的。当时斯蒂芬·沃尔夫没有在华盛顿，后来我就找了是史蒂文·戈德斯坦，他是管网络国际合作的，尼尔·莱恩也在场。然后我就向他们介绍了我们这个NCFC，还有科学院的一些研究所，都是搞自然科学和工程技术研究的，我们有许多国际合作，非常需要互联网。然后，尼尔·莱恩说可以，大家可以达成一个共识，同意NCFC接入他们的主干网。我说需不需要跟他签署一个什么文件，他说不需要。

这个过程很简单，我们没有签署任何文件，就是口头达成了共识。后来很快，我记得钱华林打了一个电话告诉我：通了！

太好了，通了就行了，我很高兴。我们当时的想法是只要通了就好，没想过要庆祝，也没有任何的仪式，就是很务实的一件事，这个事儿办好了，我就放心了。运营商这些早就准备好了。当时是1994年的4月20号。

这件事被某个媒体说成是，1994年的4月，在中美科技合作的例会上，胡启恒把互联网这个问题带到会上，会议一讨论就通过了，然后美国政府就同意了，中国就接入互联网了。说这个事情是在我去华盛顿开的中美科技合作的例会上解决的，其实完全不是这么回事，这个说法是错误的。这两件事是没关系的，只是时间正好。我希望你把这个事儿给我纠正过来。

后来在 2007 年，有一个什么事情呢？1987 年中国发出“跨越长城，走向世界”的邮件，这封邮件的发出和德国的维纳·措恩[①]教授有关系，这位德国教授 2007 年在波茨坦举办了一个会，为了纪念 1987 年中国发出这封邮件 20 年。这个会他邀请了美国的斯蒂芬·沃尔夫，还有最早把欧洲的网连到美国主干网上的那些网络先驱，从中国就邀请了我。这个会是德国人举办的，不是中国人举办的，你说怪不怪。1994 年我去美国国家科学基金会找斯蒂芬·沃尔夫，但是当时他出差了没在。所以我们是在 2007 年这次会上第一次见面。

然后，我们在一起谈这个事儿的时候，欧洲的一些先驱人物都觉得挺有意思的，我就跟他们讲当时我是怎么得到了尼尔·莱恩的支持。斯蒂芬·沃尔夫说，当时他就是

---

① 维纳·措恩（Werner Zorn），1942 年 9 月 24 日出生，计算机科学家，德国互联网先驱，被公认为“德国互联网之父”。德国卡尔斯鲁厄大学信息计算中心负责人。1984 年，带领研究团队创建了将德国连接到互联网的基础设施。1987 年 9 月 20 日，帮助中国从北京向海外发出中国的第一封电子邮件。2013 年，入选国际互联网名人堂。

2007 年 9 月，在坡茨坦，胡启恒与曾致力于推动互联网进入中国的部分专家在一起。前排左起：斯蒂芬 · 沃尔夫（美国）、胡启恒、维纳 · 措恩（德国）

主管这件事的，他当时的态度是，如果政府说这个我们不能连，那他就不连，只要政府没说不许连，他就假装没看见，让我们都连上。我问他，当时我们是怎么了，他说中国不在他的职权范围内。他用这种说法。但是后来可能尼尔·莱恩给他一个消息，这个可以放，他就放了。所以这个事进展非常快，万事俱备，只欠一个指令。指令把这个门打开，它就立刻开了。技术上的难题早已都解决了。

互联网的潘多拉魔盒

访谈者：1994 年 4 月 20 号那一天除了那个电话，还有没有更有趣的故事？

胡启恒：钱华林给我打电话，已经是 1994 年 4 月 20 号白天，他已经知道了。最生动的关于开通的故事是关于李俊[①]的，他是科学院网络信息中心的一个年轻的工程师，

① 李俊，1973 年 6 月生于安徽省寿县，博士，副教授。曾任国家 863 计划信息技术领域“高性能宽带信息网”重大专项应用支撑环境任务组专家，中国科学院计算机网络信息中心副主任，中国科技网网络中心主任。中国第一台路由器开发者。

当时还是钱华林的一个博士生。

李俊 19 号晚上在机房里值班，值班的时候不能睡觉，他就在机器上玩，玩着玩着忽然发现可以进入美国的网页了！他想，自己已经跟美国的服务器接通了！这个地方肯定是他们很多次要想接通，但始终通不了的，之前他们一直呼叫那个服务器，服务器都没回应。但是他在 19 号晚上发现成功了，他太高兴了，就赶快进主干网看，先不打电话报告领导，“我先玩会再说”，这是他自己说的，非常生动。

也就是说 19 号晚上，李俊就进入美国的主干网，发现我们跟美国的服务器接通了。第二天，也就是 20 号，钱华林才知道，然后告诉的我。听到这个消息我也很高兴，不过当时我心想应该是没有障碍了，因为技术问题他们已经早就解决了。

李俊的这句话有个视频，科学院拍了一个片子叫《网络中国》，分上、中、下三集。那个里头就有李俊的这个镜头，很生动。

访谈者：所以当时接入的目的也比较纯粹，就是搞科研，但是一旦接入进来以后，就不是简单的科研了，是吧？

胡启恒：互联网是个“妖精”，它一进来就变形了，开始是用于科研，后来就变得无处不在了。这就像瓶子里的“妖精”已经被放出来了，你再让它回去，它回不去了。

访谈者：您亲身参与互联网的建设并一直关注中国互联网的发展，除了最初那些曲折的故事，还有哪些记忆比较深刻的事情？①

胡启恒：我对互联网最早的印象，与一个农民的女儿杨晓霞得的一种怪病有关。这个女孩的手指头、脚指头都烂了，先是发黑，然后慢慢烂掉，在农村没有人知道这是什么病，送到北京也还是没人知道。那时我们没有全面接入互联网，后来北大有个学生就把这件事通过电子邮件一站一站地发到了德国的一所大学，那所大学里有一个外国朋友帮忙把这个消息传到整个互联网，公开在互联网上说“中国求救”，很短的时间内就有几千条消息过来。后来根据互联网提供的线索，有关人员确定这个女孩是农药中的金属铊中毒，这个孩子的命就保住了。我这才知道互联网有这么大的威力，可以让全世界的普通人都能够在一起沟通。所以它真是个好东西，我们一定要

---

①“互联网实验室”资料，采访于2007年2月14日。

为它保驾护航，于是我开始为互联网“站台”，为互联网摇旗呐喊。2002年，我们在上海举办了全世界的互联网大会，那次我非常高兴，在大会的晚宴上代表主办方致辞中，讲了杨晓霞这个故事。我说中国人最早知道互联网，是通过这个农民的孩子，有了互联网这个孩子才能得救，我们从那个时候就爱上了互联网。宴会过程中有一些外国朋友跑过来跟我聊天说：“你说的那个故事在我们国家也发生过类似的，一个人遇到灾难时求助的最好的办法就是在互联网上求助，大家都会聚拢来帮忙。”我觉得这是令我印象最深刻的，互联网能够给人们带来那么大的好处。

我不止一次地被互联网发明人之一温顿·瑟夫[①]所感动。我们第一次见面时，他就问我：“胡女士，请你告诉我互联网对中国的普通百姓有什么用吗?”他诚恳得像个孩子，我给他讲了一些故事，比如茶农通过互联网了解茶叶在各地市场的行情，就能把茶叶卖出更好的价钱等。就是

---

① 温顿·瑟夫(Vinton G. Cerf)，又译文顿·瑟夫，是公认的“互联网之父”之一，谷歌公司副总裁兼首席互联网布道官。互联网基础协议TCP/IP和互联网架构的联合设计者之一，互联网奠基人之一。2012年入选国际互联网名人堂。

这些事情让我知道农村的人也开始用互联网。他听了之后，脸上展现出的那种欣慰的笑容让我终生难忘。[①]

互联网进入中国的拓荒者

访谈者：您觉得应该如何评价，在1994年及之前的早期互联网中，科学院这些人，包括钱华林，在中国互联网的发展中所起的作用？

胡启恒：我觉得我们是一个团队，各人干好各人的事。我要保证团队团结一心做好项目，及时提出该做的事情，也包括必要时协调各种关系。例如保证NCFC几个单位的团结合作，必要时争取到政府的支持，并且去和美国有关机构沟通，遇到困难向邮电部求援等。我所做的不过是在其位谋其政，该我做的事我都尽力去做了，该我出手的时候我推了一把，希望没有因为我的糊涂而丧失时机。团队的其他人，也是各司其职，因为钱华林是

---

① 潘天翠，《互联网：改变中国知多少——专访中国互联网协会理事长、工程院院士胡启恒》，《对外传播》，2008年第12期。

NCFC 技术方案设计和执行的领军人，所以连接美国主网、克服技术障碍、争取国际合作等工作都有他的贡献。他干得非常精彩。我们是推动互联网进入中国的第一批见证人，亲力亲为的参与者，我觉得这样说是不过分的。钱华林教授在 2014 年获得了进入国际互联网名人堂的荣誉。

1987 年的邮件，王运丰[①]那个事情[②]，和我们做的这些事没有多少直接关联，实际上，完全是两件事情。当时他们是另外一头儿，科学院这些人不知道有一个王运丰。王运丰是当时兵器工业计算所（中国兵器工业计算机应用技术研究所）的高级工程师，出于工作的需要，他们也在努力连接互联网，据我所知是要争取连接到德国卡尔斯鲁厄大学[③]。

他们的合作者是德国卡尔斯鲁厄大学的措恩教授，这

---

① 王运丰，武器专家，高级工程师，中国互联网的先行者。1945 年毕业于德国柏林技术大学机械系，并获得工程师学位。1952 年回国，曾任第二机械工业部第六局副总工程师。逝于 1997 年 4 月 29 日。

② 指 1987 年中国发出“跨越长城，走向世界”的跨国邮件。

③ 卡尔斯鲁厄大学，现名卡尔斯鲁厄理工学院（KIT），是公认的德国最顶尖的理工科大学之一，也是在自然科学和工程技术等领域享有盛誉的世界顶尖研究型大学，被誉为“德国的麻省理工学院”。

位教授当时为中国早期互联网建设做了很多的工作，我认为不能因为他们这个团队与我们没有关联，而忽视了他们的贡献。因为他至少让我们加入互联网的时间提前了好几年。我认为这个教授体现了一个科学家、一个工程师的良心，就是他要帮助中国。他的确做了很多的工作，尽管不是帮助我。他帮助的是兵器工业计算所，王运丰老先生工作的那个地方。他们在网上注册是在 1994 年之前。后来我提议由科学院网络信息中心的主任给维纳·措恩写一个推荐信，向国家推荐他作为“有突出贡献的国际合作者”，这样的话，每年中国有什么重要活动，就会由政府邀请他来参加。当时的科学院网络信息中心的黄向阳主任很努力，推荐得到了批准。维纳·措恩第一次来时，享受到中国的待遇，高兴得不得了，后来乌镇每年的世界互联网大会都会邀请他参加。

措恩教授派人来给我看了一个视频，视频中他带队伍来到中国，半夜里跟兵器工业计算所的人一块儿开夜车。由于他们使用的 PC（个人计算机）型号不能跟德国的服务器沟通，这个德国教授就把他的计算机从德国拿到中国来用，然后想了各种办法，克服技术上的障碍，最后连通了；之后，他们就发出了“跨越长城，走向世界”那封邮件。邮件上的署名是以王运丰为首的一共七个人的名字。这件事情发生在

1987 年，可是科学院的高能物理研究所在 1986 年已经发出了第一封电子邮件。

当时科学院高能物理研究所这个电子邮件是谁发的呢？是吴为民[①]教授，是他发的电子邮件。他是跟欧洲核子研究组织在讨论怎么实现交换和分享实验数据，并没有想到“跨越长城，走向世界”这一类具有社会影响的标题，所以后来互联网协会征求网民的意见，说“我们中国网民文化节放在哪一天”的时候，网民们就不约而同地说 1987 年 9 月 14 号，就是“跨越长城，走向世界”这封邮件发送的时间，而不是 1986 年。1986 年的那封没有什么社会影响，只是讨论他们科学实验的事。

我第一次见措恩教授是在 2003 年，那一年我去突尼斯参加了信息社会世界峰会，开会的时候，其中有一个边会，就是有一个小会场，我一看会议日程表

---

① 吴为民，1943 年生，华裔物理学家，毕业于复旦大学核物理学专业。美国费米国家实验室研究员，曾任中国科学院高能物理研究所 ALEPH 组组长、北京正负电子对撞机研究室副主任等。参加过第一颗中国原子弹的研制和第一颗中国人造卫星的发射。北京正负电子对撞工程的学术骨干之一。

上有一个题目，是德国一个叫措恩的教授作报告，他做的报告题目就是“互联网在中国的早期发展”，我一想这讲的正是我们干的事，我得去听听啊。我就去听了，但他讲的事我一点儿都不知道。会下我就去找他，我说：“我是从中国来的，听到你讲的故事，我非常感兴趣，但是说实话，你讲的这事儿我一点都不知道，我得回去找有关的人了解一下，然后再跟你联系。”我们就交换了通信方式。我回来以后，就找中国互联网络信息中心的闫保平教授，请她去调查这个事儿。她调查清楚以后，告诉我是怎么回事。那是完全跟我们平行的，我们在做的事情他们也在做，但是那时候王运丰老先生可能已经过世了。

王运丰手下有个工程师叫钱天白[①]，当时是王运丰老教授领导的团队里面比较年轻的一个。钱天白当时是兵器工业计算所的工程师，负责辅助王运丰。王运丰老先生是从德国

① 钱天白，1945年出生，工程师，互联网专家。我国顶级域名“.cn”的首位行政联络人。1994年5月21日，在钱天白和德国卡尔斯鲁厄大学的协助下，中国科学院计算机网络信息中心完成了中国国家顶级域名服务器的设置，改变了中国的顶级域名服务器一直放在国外的历史。于1998年5月8日逝世。

留学回来的，他们跟德国人一直有合作关系。在国际互联网注册“.cn”[①]的时候，王运丰就派了钱天白去代表中国登记，而这些事我们都不知道。他们的合作只是发展到成功从兵器工业计算所的计算机上发了封电子邮件到卡尔斯鲁厄大学的服务器上，然后卡尔斯鲁厄大学再把他们的邮件转发到全世界的互联网上。钱天白去登记的时候应该是在1994年之前。所以，1994年，我们在开始做中国互联网络信息中心的工作后，才知道有一个钱天白。在那个时候我们认识了钱天白，认识了他之后知道有王运丰这个人，知道他有这么大一个团队。但那个时候，这个研究所因为各种原因，似乎是不太活跃的一个单位，所以后来我们就直接跟钱天白合作了。钱华林、钱天白就是“二钱”，一个是互联网行政联络员，一个是技术联络员。我把钱天白请来跟我们一起合作，钱天白当时也表示愿意跟我们合作。大家合作都很愉快，一起邀请国内有关专家、学者、工程师共同讨论建立起中国的域名体系，可惜的是钱天白后来不

① .cn，互联网国家和地区顶级域名中代表中国的域名，中国互联网络信息中心是“.cn”域名注册管理机构，负责运行和管理相应的“.cn”域名系统，维护中央数据库。

久就去世了。

访谈者：您跟钱天白见过几面？请您大概讲讲，钱天白是怎样一个人。

胡启恒：见过很多次，我还跟钱天白一起出过一次国。

我记得我跟他的交往是这样的，他在兵器部，但是他所在的兵器部对外交往不太方便。他跟着王运丰，两人分别是中国在国际互联网登记的行政和技术联络员。在德国的措恩教授的协助下，他和美国当时管理互联网的团队也建立了联系。所以当我问他是否愿意参加我们这边的工作时，他很痛快地说他愿意。我觉得我很尊重他们所做的早期的工作，我没有很强势的。我觉得他们做得确实不错，所以一直很感谢他跟我们合作。

后来制定中国的域名体系，都是“二钱”直接领导的。钱天白的贡献主要是最早在美国登记了“.cn（中国）”。这样，我们真正实现了与互联网主干网全功能的网络连接，并且得到了政府的认可和授权。他加入我们的团队以后，很自然地实现了“.cn”为全国、全世界提供服务，就是这样，我们合作得很好，很快乐。

我觉得他跟我们科学院的一些科技人员差不多，是一个网络工程师，那个时候可能 40 多岁。我感觉他是一个一心为了工作、没有太多个人得失算计的人。所以我们合作得很愉快，一直到现在，如果谈起当年往事，我们有时还是会提到钱天白。

1994 年，我们把服务器从德国移回来，这是在钱天白的合作下实现的。因为服务器当时在德国，我们有了钱天白的帮助，去找这个德国的教授就很方便。于是，从此以后中国顶级域名“.cn”的服务器就定位于中关村网络信息中心的一个小机房里。

在其位谋其政的支持者们

访谈者：您的作用很重要，上下都要协调好，您可以分享一些经验吗？

胡启恒：做事情最怕互相争斗，如果互相争斗，什么事也干不成。我特别感谢当时 NCFC 管委会的那些老朋友，我觉得他们真是太好了，都是想做事的人，都同心合力要把事情做成、做好，和他们一起合作、共事非常好。

访谈者：对，技术员比较纯粹。这跟您个人的价值观有一定的关系吧？

胡启恒：做这些事没有什么特殊的原因，我就是在其位谋其政，这都是我该做的。但是怎么做，那就跟我的本人的认识有关系了。我的观念就是主张团结合作，公开透明，协商一致，不留所谓“小心眼儿”。

我觉得自己是比较容易跟人合作的，因为我不太计较别人对自己的看法，也不太计较是不是大家都得听我的。我觉得最好是大家都说话，都出主意，这样事情就好办了。所以我跟互联网进入中国的早期发展过程中结识的这些老朋友，包括一些有过交往的外国朋友，很谈得来。

访谈者：包括您这次去“名人堂”，这些人也在一起吗？

胡启恒：这次去“名人堂”很高兴。我见了史蒂文·戈德斯坦和斯蒂芬·沃尔夫，就是当时具体管网络国际合作的这两个人，还有温顿·瑟夫，他来华好多次了。2013 年被国际互联网名人堂新录入的有 35 个人，但是 2013 年以前被录入的也有来参加的，2013 年被录入的也有没来的，有个别人是因为去世了，其他人代表过来，也有的是有事没来。反正人不少，很热闹，大家见了面，真的是挺亲切的，因为互联网把我们联系在一起。大家都很默契，志同道合，互相看见对方都非常高兴。

这些外国的网络工程师、科学家，也都非常希望中国

2013 年 8 月 3 日，国际互联网名人堂入选仪式上，胡启恒与互联网缔造者之一温顿·瑟夫合影

2013 年 8 月 3 日，柏林，国际互联网名人堂入选者合影

能加入。虽然中国当时的国力与现在有很大差距，但毕竟中国是那么大一个国家，而且我们在国际科技界形象还不错，人家知道我们中国有一帮认真做学问的人，所以国际上的好朋友很多。

访谈者：《华尔街日报》的中国总编写了一本书，叫《十亿消费者》（*One Billion Customers*），我不知道您看过没有，它里面说吴基传[①]在电信上这十多年牢牢掌控的势力挺强势的，您怎么看？

胡启恒：吴基传部长的贡献很大，因为电信的超前发展是给互联网创造了物质基础的，这个绝对不能够忘了他，他的确功不可没。互联网能够进中国，首先，如果邓小平没有提出改革开放，那么我们根本就不可能知道国外有个互联网；其次，就是我们电信的超前发展，给互联网进来以后的迅速扩展提供了物质基础和前提，因为当时的互联网都附着在通信网上。对于这个强大的电信系统，吴基传

① 吴基传，1937 年 10 月生，湖南常宁人。毕业于北京邮电学院（现北京邮电大学）有线电通信工程系电话电报通信专业，教授级高级工程师。曾任邮电部部长、党组书记，信息产业部部长、党组书记等。

绝对是领导人。

访谈者：互联网协会是在什么情况下成立的？

胡启恒：成立互联网协会，有这个想法是在2000年年初，主要是因为在国际上，我感到我们真的需要有人代表中国去说话。因为国际上已经起来了很多的互联网组织，首先就是互联网名称与数字地址分配机构[①]，那是一个最大的说话的地方，每年开那么大的会议，可是我们中国没有任何机构组织参与。那个时候随着互联网的发展，已经有一批中国企业了，但是没有组织起来。还有一些需要与国际互联网沟通的问题，比如说IP地址的分配，以及互联网名称与数字地址分配机构审批国际通用域名的时候，开放度不够，发展中国家很难参与等。这些问题都是我们应该去发表意见的，但我总是感到在那样一个国际场合，我们

---

① 互联网名称与数字地址分配机构（The Internet Corporation for Assigned Names and Numbers，缩写为ICANN），成立于1998年10月，是一个集合了全球网络界商业、技术及学术等领域专家的非营利性国际组织，负责在全球范围内对互联网唯一标识符系统及其安全稳定的运营进行协调。现在，互联网名称与数字地址分配机构行使互联网数字分配机构（IANA）的职能。

要去说话，力量很单薄。如果能有一个全国的协会，一个民间的组织，代表我们中国互联网的企业界、科技界去说话，在国际上发声，应该是很有必要的。

那个时候，信息产业部也有这个想法，信息产业部主管副部长曾经来找我，说他们要成立这个协会，打算请我来做理事长。当时我很害怕，说不能干这个理事长，要做这个企业协会，还是找个企业家吧，最好能请一位企业家来做这个企业协会的会长。不过，在他们的坚持下我还是同意了试试看，结果一试就试了 12 年。

垃圾堆旁边的网络管理中心

访谈者：当时电子部的部长是谁？

胡启恒：当时电子部部长是胡启立[①]。当时我们要向政府报告国家顶级域名“.cn”的管理问题，报告给谁了呢？

① 胡启立，1929 年 10 月生，陕西榆林人。曾任机械电子工业部副部长、电子工业部部长、全国政协副主席等。

报告给吕新奎[①]了，他当时是在国务院设立的一个叫中国国民经济信息化领导小组做副主任。我们就向他报告，申请为国家来管理中国的顶级域名“.cn”服务器。

互联网是那么重要的东西，而且是一个新生事物，我们要让它在中国站稳脚跟，能够发展得有声有色，需要开始的时候给它打下一个非常好的基础，我觉得管理这个地址和域名就是基础的基础。所以，我就很希望这个能落到科学院来。吕新奎副部长亲自来看了我们科学院的这个网络信息中心。我带他去参观了我们的机房，因为当时我们把设备都准备好了，机房也都弄好了。我向他汇报准备工作的情况，争取他能理解、支持科学院来做这件事。

我们当时，一方面要争取中国政府的支持，另一方面要对亚太互联网络信息中心[②]做工作。我和钱华林把亚太互

① 吕新奎，1940 年 9 月生，江苏无锡人。曾任中国电子总公司副总经理，电子部副部长兼国家信息化联席会议办公室主任、信息产业部前副部长、CETC（中国电子科技集团）主要创始人。

② 亚太互联网络信息中心（Asia-Pacific Network Information Center，缩写为 APNIC），成立于 1993 年，总部设于澳大利亚布里斯班。APNIC 是全球五大区域性因特网注册管理机构之一，负责亚太地区 IP 地址、ASN（自治域系统号）的分配并管理一部分根域名服务器镜像的一个国际组织。

联网络信息中心的主管——一个叫戴维的年轻人请到中国来，请他至少来了两次，跟他交朋友，讲我们对互联网的理解，让他知道我们是一批信得过的人，是真正想让互联网在中国好好发展的人，后来他觉得我们还是不错的。

访谈者：那时候有人反对或者也想争中国互联网络信息中心吗？

胡启恒：当时潜在的竞争者就是清华，但是后来我们发现他们并没有想跟我们争中国互联网络信息中心。中国互联网络信息中心是管“.cn”的，它的下一级有一个“.edu”①，清华是想要这个“.edu”，后来我们也接受了。“.edu”就由清华来管，他们也就没意见了。后来，“.cn”就由科学院来管了。

可是，我们这个网络信息中心成立时，周边环境是非常差的，它在一个小胡同里面，墙外面周围都是垃圾堆。我到现在都还记得，当时我每次走过，心里难受啊，因为它是一个网络信息中心，有很多外国朋友都会来，

---

① .edu 是互联网的通用顶级域名之一，主要供教育机构，如大学等院校使用。——编者注

有些合作伙伴也会来看。这是一个很小的地方，但是将要直接连通全世界！

它在北四环的南面，翠宫饭店北面，过了知春路再往北的一个小街里。要想通过市政层层去说明此地的重要性，绝不是一件容易办到的事。我只好向科学院机关求救。科学院中关村管理行政后勤的部门临时出动人力，把垃圾运走。当时这个顶级域名服务器就是栖身于这样的环境。几十年过去，市政管理旧貌换新颜，现在那地方已经很体面了。这是后话。当时，吕新奎副部长亲自来看了，又加上对科学院的信任，我们就获得了政府主管部门的支持。随后，也得到了亚太互联网络信息中心的认同。

1997 年获得政府正式认可后，科学院发文宣布中国互联网络信息中心正式成立。虽然 1997 年才获得官方宣布认可，但真正的工作在 1994 年就已经开始在做了。当时为什么我愿意由科学院来管，因为我觉得互联网这个东西，在世界上超越国境延伸全球，依靠的就是一种自下而上的积极性。我现在还是这么觉得，由科学院来管，对中国比较好，我们在国际上的形象会比较好，这种做法跟国际上通常的做法也是一致的，我们是一个科学研究机构，而不是一个政府机关。

中国互联网络信息中心是中国互联网最重要的基础设施。互联网要落地生根，首先得把地址、域名等基础设施管好，技术要过硬，安全要有保证。互联网联系全球，我们必须按照国际标准做好中国方面的事情。当时我们任命了一个才三十几岁的年轻人毛伟，我问宁玉田局长："你推荐的这个人行吗？"他说行。宁局长真是慧眼识人，毛伟后来确实干得非常出色。

中国互联网络信息中心建立在科学院的网络信息中心里。这个科学院网络信息中心是科学院在原计算中心基础上进行调整、改建、扩充而形成的一个研究所一级单位。在科学院网络信息中心里面建立中国互联网络信息中心，行政上就有了依托和支撑。它只需要好好地搞好它为互联网服务的业务就行了。所以，当时中国互联网络信息中心可以轻装上阵。科学院为中国互联网准备了一个很好的环境，对服务于中国互联网的工作全力支持，不会干涉，不会控制。所以他们可以按照业务的需要，按照国际的规则，把中国互联网络信息中心做好。

不过，如果只是由这几个年轻人来管这个域名，领导机关、部委都不了解他们在干什么，那是不行的。因为互联网在中国是一个新的事物，肯定需要及时地给他们提供帮助和支持，中国互联网络信息中心要替全国管好这个

“.cn”，给大家登记域名，工作上一定会遇到很多的障碍，我想要让它的工作比较顺利，各有关部门就要及时提供帮助和支持，所以我们提出了建议，还要建立一个中国互联网络信息中心工作委员会。这个工作委员会是在 1997 年才经过主管部门批准正式开始工作。

工作委员会邀请了政府主管部门管委会的副主任，有关的司局领导，还有电信运营企业，学术界关心互联网的专家代表。当时参加的还有何德全院士[①]、曲成义教授[②]、王行刚研究员[③]等。工作委员会的作用主要是沟通情况，大家首先了解什么是互联网、域名；再就是协调关系，共同支持这个新产生的机构，让它为全国互联网管好中国国家顶级域名“.cn”。

我们这些事情都做得比较顺利，但都不是我一个人做

---

① 何德全，1933 年生，中国工程院院士。曾获国家发明二等奖 1 项，国家科技进步三等奖 1 项，作为第一完成人获部省级科技进步奖 10 项。

② 曲成义，研究员，信息安全专家，中国航天工程咨询中心科技委员。曾任中国航天科技集团 710 所总工程师。

③ 王行刚，我国第一台电子计算机（103 机）等 5 台早期计算机的研制者，是我国计算机网络的先行者，早在 20 世纪 70 年代中后期，他就开始从最基础的计算机网络原理方面开展研究。撰有《计算机网络原理》一书，1987 年出版。逝于 2008 年 5 月 22 日。

的，我只是在背后为这些事创造了一些条件，把该合作的人请来了，请来的这些人对我们帮助很大，然后这个环境也就有了。每次开会我们就报告中国互联网络信息中心怎么样了，又登记了多少域名，发生了什么问题，主管部门有什么要求，等等。

向世界发出中国的声音

访谈者：“.cn”这个东西很重要！

胡启恒：后来因为这个“.cn”，他们这些年轻人很能折腾，带头人毛伟是一个很有开创精神的年轻人，他邀请了一些法官，成立了一个互联网域名纠纷仲裁委员会。这是一个创举，也是互联网精神的体现。毛伟没有先去找司法部汇报，而是先找到愿意为互联网做些事情的法官，一起商量研究，又找了一个年轻的法学家，然后逐步扩充，组成一个互联网域名纠纷仲裁委员会。发生域名纠纷的时候，征得纠纷双方的同意，就开这个仲裁委员会。有纠纷，仲裁委员会判决，两边就不用上法院了，既省了钱，也节省了时间，这也是主动的、首创的、自下而上的精神，我非常鼓励他们干这类的事。

中国互联网络信息中心就是这样组织起来了。在必要的时候，例如毛伟他们遇到问题、障碍时，工作委员会可以向邮电部报告，请邮电部帮助协调一下。工作委员会起到了这样的作用。后来邮电部变成了信息产业部的时候，还是继续派人担任中国互联网络信息中心工作委员会的副主任。那时候还没有国信办，如果中国互联网络信息中心有事的话，就请他们帮忙。

我们就是这样支持、扶持着这个年轻的机构，让它慢慢发展，后面看起来它做得还不错，把中国的域名产业带起来了，现在全国大概几十万人从业搞这个域名产业，我觉得也非常好。

总的来说，我觉得还算好，我国政府长期以来实行电信超前发展的政策，为互联网的普及、扩展提供了先决条件，政府对互联网的政策在经济领域还是很宽松的，所以那么多民营企业起来了。这 20 年，我最大的感受就是，政府给了互联网一个宽松的环境，这是关键中的关键，然后这些创业的年轻人，他们是我最喜欢的、最敬佩的一群人。我们毕竟只是一个铺垫，真正在舞台上唱戏的是他们，如果没有他们在舞台上演这么精彩的戏，这个舞台搭得再好，又有什么用？谁知道你这个舞台有什么用？能够把互联网搞到中国这样火的，不就是这些勇敢创业的企业家，勇于吃螃蟹的大量网民，还有这些从无到有走出一条新路的年轻人吗?

访谈者：对，包括那时候三大门户上市，很多东西都是一念之差，有可能这个历史就完全不一样。

胡启恒：后来我们跟信息产业部联系紧密，再后来信息产业部进行了调整，成了中国互联网络信息中心的业务领导机构，我就跟毛伟说，我说你一定要主动去联系领导，去汇报，请他们来检查工作。他们之间确实搞得很好，就是毛伟直接跟信息产业部去汇报，不通过科学院。信息产业部直接派人来看，看了以后就指出中国互联网络信息中心这个不行、那个不行。如果按照科学院的机房要求，我们这标准够了，但是按照邮电管全国的电信网络安全那个水平，互联网这样一个跟信息安全利害相关的事情，我们这个机房的安全措施还远远不够，比如没有两路供电，没有紧急应急措施，这都不行，需要重新改造。毛伟完全采取了信息产业部的指导意见，按照国家主管部门的标准重新改装，然后再请这些司长、处长来检查。他们之间关系都很融洽，有些都成了好朋友。这是使我感到快乐的。

访谈者：您 1998 年和钱天白一起出国，也是为解决中国互联网络信息中心的事吗？

胡启恒：我那次到美国是去出差办科学院的事。因为那个时候中国互联网络信息中心已经开始工作了，他们跟我讲，我们中国的 IP 地址很碎，因为我们加入得晚，大块的地址都让别人拿走了，我们只有小块小块的，这造成我们全国的路由不科学，效率很低。我就想，这个事得去找美国谈，好像那次正好我有别的事要到美国出差。那次的任务比较轻松，所以我就给自己加了一个任务，去访问一些跟互联网有关系的地方。一个是美国的商务部，一个是国际互联网协会，还有一个是南加州大学。我记得的主要是这三个地方。我还邀请了毛伟和钱天白一同前往。

我们到南加州大学计算中心去找乔恩·波斯特尔[①]。我觉得我们去的时候还是比较早的，那时候还没有互联网名称与数字地址分配机构，就他一个人带着他的学生，在那儿管全世界的 IP 地址和域名的分配。

① 乔恩·波斯特尔（Jon Postel），1943 年出生，发明互联网的功臣之一，协议发明大师，互联网数字分配机构创始人。于 1998 年 10 月 16 日逝世。

访谈者：那时候他还活着吗？

胡启恒：那时候他还在世。他是个了不起的互联网先驱。好像在访问他以后不久，我就听说他去世了。

他是非常忙的，但是我们事先跟他约好了，他在百忙之中和我们见了面。我说我们中国这么大一个国家，都是非常碎片的 IP 地址，路由很不合理。他说他都明白，我说得非常对，这个问题他们正在想办法解决。

乔恩 · 波斯特尔给我的印象非常深刻。他当时很累，但是一点都没有不耐烦，反而仔细地听我说，并且把我这个问题仔细地记到本上，然后表示非常认可，说他们正在解决这个问题。后来真的解决了，他想办法把那些没有用的 IP 地址再重新拿回来，还把那些大块的打碎，然后把有用的留下，没有用的拿回来，真的想了很多办法。

他是 2012 年被追认录入首届国际互联网名人堂的。他的奉献和牺牲精神，他为互联网所做的开创性、奠基性工作，都被大家奉为典范。在互联网事业里他就是先驱的先驱，受到全世界广泛的、深深的尊敬。

当时我们还一块儿去访问了美国的商务部。在 1994 年，就是我找尼尔 · 莱恩的时候，正好美国政府要把互联网的管理权限从美国国家科学基金会转到商务部，他们那个时候已经快要进行转换了。所以我再去的时候，已经用不着找美国国家科学基金会了，就直接去找商务部。我们找了商务部的一个局长，一位女士，我记不得她的名字了，只记得她非常能干，非常漂亮。商务部对我们的态度也是很友好的。

访谈者：他们当时正在谋划互联网名称与数字地址分配机构。在克林顿执政时期，在互联网政策这块，我觉得他们还是做了很多正确的决策。

胡启恒：是，我当时办事，一个是找乔恩·波斯特尔，一个是找美国商务部，实际上都是为了争取在互联网地址分配方面得到更合理的权益。与我一起去的毛伟是中国互联网络信息中心首届主任，他要从无到有地建立中国互联网络信息中心，管理域名地址，去找他们是名正言顺的。那时候因为科学院是得到政府授权运行中国互联网络信息中心的，我是中国互联网络信息中心工作委员会的主任，以这个身份去跟他们谈中国的要求。我跟他们讲中国现在有了互联网，中国是一个大国，让他们制定政策时考虑我们的要求。

接着我们还访问了国际互联网协会，也在华盛顿。国际互联网协会是全球性非政府组织，为互联网默默奉献不务虚名，它是国际互联网工程任务组[1]的实际支持者。国际互联网工程任务组建立整个互联网标准，活动经费哪儿来的呢？就是国际互联网协会举办世界互联网大会，把这个钱拿来支持国际互联网工程任务组的活动。所以国际互联网协会是一个很有影响力的团队，而且对中国很友好。我这次去的目的就是跟他们谈谈我们遇到的困难，再一个也是让他们知道我们中国人也关心互联网。但回来以后我感到我这样去不太好，因为我是科学院的副院长，跟互联网也没什么关系，当时感觉我们中国的互联网需要有一个代表。

访谈者：那时候国际互联网协会是谁负责？

胡启恒：那一次去国际互联网协会给我的印象不深。当时我还不认得林爱慕（Lynn St. Amour）。当时就是去认认门，知道有一个国际互联网协会，让他们也知道我们中国现在是互联网家族的一员了，就是这样交流一下，没有什么太深刻的印象。回来以后我就感到中国互联网在国际

① 国际互联网工程任务组（Internet Engineering Task Force，缩写为 IETF）。成立于 1985 年年底，是全球互联网最具权威的技术标准化组织，主要任务是负责互联网相关技术规范的研发和制定，当前的国际互联网技术标准出自国际互联网工程任务组。

上需要有人去做这些事。

访谈者：钱天白当时在国际组，一些会议他会参加吧？

胡启恒：最开始我们制定中国互联网域名体系的时候，钱天白是主要参与者，后来没过几年他就去世了。

我在 1998 年去访问这几个地方，做这些事情，纯粹是出于对互联网的关心。当时就觉得我对于互联网来说，只是一个志愿者。

2000 年我向科协的主席周光召和党委书记张玉台报告了这件事。我说，科协是一个科学技术团体，可是互联网不只是科学技术，它可能更多地属于企业界，应该有一个企业界的协会，咱们应该组织一个协会，由它代表中国的互联网，可以在国际上发声。后来，他们说这个事还得找信息产业部。最后是由科协和信息产业部联合发起，再加上一些企业的支持，开始了组建中国互联网协会的过程。这样就由非政府组织、企业界、学术界共同倡议发起，建立了中国的互联网协会。

信息产业部当时就琢磨谁当会长，他们说让我来当。信息产业部副部长找我说："互联网协会成立了，得找个首任理事长，我们觉得你合适。"我说我干不了。因为我当时觉得这是一个以企业为主体的民间组织，是我完全不熟悉的。后来，信息产业部的黄澄清再找我说："恐怕还得是你。"我说："企业协会找一个企业家来当协会的会长才有力量，我跟企业没有一点关系，来做会长不行的。"他说："你不知道，如果是找了这个企业的人当会长，那个企业可能就不愿意了。你可以找他们当副理事长，但是不能让他们当理事长，当理事长就不平衡了，只有你这个局外人来做才平衡。"我后来又问了周光召院长的意见，周院长说他们让你干你就干吧。后来我就接受了，就这样我担任了中国互联网协会首届理事长。

互联网精神成就互联网时代

访谈者：早期这些人里面，您觉得哪些学者真正有这种开创性的贡献？除了我们知道的钱天白、钱华林和王运丰，还有哪些人？

胡启恒：我相信在他们做这些事的过程中，都有或大或小的创造，因为有很多问题你没有创造精神，就解决不了。一个很具体的例子，你要是看当时德国教授措恩的那个视频，还有他当时的一些记录，就会发现他解决了一个很小很小的技术问题，比如适配器插不上，无法响应的问题。

那封邮件不是14号发的，到20号才真正发出去。所以这类事情我相信他们都做了很多，但是我不能够评价，因为我不是很了解，只有亲临其境，真正在做这个事的人最清楚。

许榕生[①]在高能物理研究所联网当中的作用，我并不是很清楚，我认识许榕生是因为他办了一个“中国之窗”，是互联网上的一个应用，这方面我觉得他是一个先行者。当时在新闻界还没有新闻网站，他们都说你没得到他们批准，是非法的，没有这个规定之前，许榕生已经办了一个中国的新闻网站。紧接着各地都办了起来，所以在国外可能也有一定的影响。新浪、搜狐那时候都还没有，就只有“中国之窗”。他确实是最早办网站的，应该承认他是有创造性的，而且是有贡献的。

---

① 许榕生，福州人。中国科学院高能物理研究所计算中心研究员、博士生导师，网络安全实验室首席科学家。曾任国家计算机网络入侵防范中心首席科学家。是中国最早向大众传播和介绍互联网知识的人之一，并开设了中国第一个web网站——中国之窗。

我想张树新[1]和她的瀛海威[2]也是不应该被忘记的。当年中关村路口有一幅巨大的广告牌——“中国人离信息高速公路有多远？向前一公里！”直到今天还有不少人记得这句广告语。互联网由科技领域延伸到商业领域，她是第一人。她让人看到了互联网不只是科技人员的专利，普通人也能玩儿。当时很多人买了瀛海威的卡，每天早上坐在瀛海威门口等着开门上网。她为中国的年轻一代拥抱互联网开了先河。

再后来有关互联网的创业者越来越多，比如张朝阳[3]，我曾经去过他在美国的实验室，还跟他交谈过，他当时在美国干得很好，后来回国了，他认为当时在中国创

---

① 张树新，1963 年 7 月生，辽宁抚顺人，毕业于中国科技大学应用化学系。于 1995 年 5 月创建了瀛海威信息通信有限责任公司的前身——北京科技有限责任公司并担任总裁。被称为“中国信息行业的开拓者”，也有人称她为“中国互联网的先烈”。

② 瀛海威信息通信有限责任公司，前身为北京科技有限责任公司，成立于 1995 年 5 月，公司总经理为张树新，出资人为张树新和她的丈夫姜作贤。公司最初的业务是代销美国 PC 机，张树新到美国考察时接触到互联网，回国后即着手从事互联网业务，瀛海威由此诞生。曾经是中国互联网行业的领跑者，后因企业经营策略等问题而逐渐衰落。

③ 张朝阳，1964 年 10 月出生，陕西省西安市人。搜狐公司董事局主席兼首席执行官。

业是最好的时候。

还有田溯宁[1]，他和一帮年轻人在美国加利福尼亚州有一个网络公司，做互联网工程，当时他们说："我们把互联网带回家吧。"于是就举着这面旗帜回到了中国。

后来这些人在许多中国早期互联网工程的建设中立下了汗马功劳。

还有李彦宏、丁磊、马云、马化腾这些年轻人，是他们将互联网的应用推向了高潮，比如百度，在搜索上能与世界巨头平起平坐。随着一个又一个中国互联网公司在美国上市，"中国"这个名字在华尔街也变得越来越响亮。这些创业者的名字都应该载入中国互联网发展的史册。[2]

王行刚是科学院计算所的研究员，当时在 NCFC 联网的时候，钱华林是王行刚的助手，他们两个人一起主导网络工作。王行刚经验丰富，定方案、定规划，一把好手；钱华林在参与决策之外，为方案的实现做了更多工作。王行刚是一位非常有全局眼光的学者，去世的时候才 60

① 田溯宁，1963 年生于北京。曾任亚信股份公司总裁、网通集团上市公司副董事长等。

② 潘天翠，《互联网：改变中国知多少——专访中国互联网协会理事长、工程院院士胡启恒》，《对外传播》，2008 年第 12 期。

多岁。王行刚曾经做过很多大的单位的网络规划，他对NCFC 的设计是一位主要贡献者。到后来做互联网的时候，钱华林做得就多一些了，NCFC 工作基本结束了。我说的王行刚发挥作用主要是在 NCFC 的阶段。

访谈者：在互联网的发展中，特别是 1994 年到 2000 年，您觉得哪些政府部门的人有比较大的贡献呢？

胡启恒：在这一阶段，我觉得跟我们有来往、有汇报关系的，就是吕新奎，也就是国家国民经济信息化领导小组办公室。再有，就是 1994 年国务院对科学院要求连接世界互联网的那个批文，当时宋健转给了邹家华，邹家华做了主要批示，后来我们没有再麻烦他。但是到了中国互联网络信息中心建立 10 周年的时候，也就是 2007 年吧，我们请了科学院老院长周光召，也请了邹家华同志到中国互联网络信息中心视察，请他们检阅，当时他们亲自支持、批准的这件事办得如何。周光召和邹家华同志来看了，都挺高兴、挺活跃的。邹家华对网络的事情很关心，但是他不自己直接上网，他家里好像有一个年轻人会替他做这件事，但他还是关心的；周光召院长自己亲自上网，阅读网上信息，至少在 2007 年是如此。

我觉得当年的电子部各方面的很多东西，还是跟胡启立有关系的。他把通信业独家垄断给打破了，后来才能有信息产业部。之前电子部是电子部，邮电部是邮电部，这是我们国家体制上的一个缺点，就是分得太细，完全按照行政管理的思路来。

营造网络自律与诚信空间

访谈者：不当理事长以后，您现在生活是怎样的状态？

胡启恒：我很快乐啊，有更多的时间可以随便看一些我喜欢看的东西，去找我的朋友玩儿，然后在网上寻找新的知识，学习和研究一些问题。

我是 2013 年 5 月退下来的，黄澄清他跟我一块儿干了 12 年，从互联网协会成立时，就是我的搭档，实际上一开始他干的就是秘书长的工作。黄澄清实在是太好了，他最值得我敬佩的是，虽然他是一个司局级的领导，但他没有一点官架子，跟那些企业家称兄道弟，水乳交融，一些互联网企业遇到不好办的事情，往往就会先找黄澄清说说，他跟许多企业家成了朋友。作为中国的一名官员，我觉得这是非常不简单的。一个人要把事做得好，必须要跟人交朋友。他不当秘书长以后，协会上的事情

2012 年 9 月 10 日，中国互联网协会第三届理事会第五次会议。这是胡启恒卸任前最后一次参加协会理事会

他还参与，有些重要的事，他还来参加，因为他也是协会的副理事长。所以，在我还担任协会理事长的时候，有些实在重要的事，我还是会找他说，我说："澄清，这事儿你得管一管。"

访谈者：他的价值观跟您是非常一致的，所以协会能有今天，我觉得跟你们两个人是分不开的。

胡启恒：协会里黄澄清是最主要的，具体来说我其实都没有那么主要。因为有了黄澄清，所以我这理事长当得很容易、很快乐、很轻松。因此有次"名人堂"外国记者问了我很多问题，让我说说在中国哪些人对互联网有贡献，我说了好几个人，其中就有黄澄清。我说黄澄清实现了协会的一个准确的定位——协会不做"二政府"，让互联网企业看到，虽然协会手中没有权力，但协会是它们的一个好朋友，这个朋友是一心为它们好，愿意帮它们去协调、沟通，反映实际情况，包括找政府做一些工作。我觉得黄澄清对于互联网协会真是发挥了非常关键的作用。现在协会有了新的理事长邬贺铨，他是通信、计算机网络方面的专家，学术造诣很深，领导下一代互联网示范项目成绩卓著，协会也有了得力的新秘书长卢卫[①]，我觉得互联网协会在新的时期是一定能大有作为的。

访谈者： 像腾讯，在 2015 年，其海外业务可能就已经超过国内业务，以后这些东西在国家层面是会发挥战略作用的，所以这些企业未来对国家的作用，我觉得是会越来越大的。

胡启恒： 这是无可厚非的。但是国家如果要想超越法律体系去控制住这些企业，我觉得就害了它们。国家需要有很好的法制环境，中国的公民要按照中国的法制法规办事。不管是哪个国家的企业，在中国办事，都要按照中国的法律来。这是一个正常的政府去控制企业应有的渠道，不是在法制体系之外去控制它，而是说让它依法来做好它的经营。

我有时候就想，互联网内在的这种民主性、开放性，和我们国家的许多管理制度是不一致，甚至是完全相反的。但是它居然还能够发展得这么快，所以我就不得不特别感谢那些企业家，他们就是抓住了改革开放的时机。我曾经

① 卢卫，高级研究员，中国互联网协会秘书长。

跟化工网创始人[1]谈过，化工网现在已经跟腾讯什么的都不能比了，但是他也跟我说当时他就是一个学外语的，不知道干什么好，一看这互联网可以用英文向外国介绍中国的东西，他就用英文办了一个化工网，然后它就火起来，10 年吧，很快市场就过亿了。像这种年轻人，他能够慢慢地，从他的发展中使这块土壤越来越肥沃。

我还特别注意到一个问题，在说世界互联网起源的时候，很多人只说兰德公司[2]，不说利克莱德[3]，这个是不完整的。我记得鲍勃·卡恩[4]说过，对核战的那种防范，他们在研究两大协议的时候，确实是考虑了这个因素，但

---

① 指中国化工网创始人孙德良。

② 兰德公司，是美国最重要的以军事为主的综合性战略研究机构。

③ 指约瑟夫·利克莱德（Joseph Licklider，也称 J.C.R. Licklider），1915 年出生，麻省理工学院的心理学和人工智能专家，全球互联网公认的开山领袖之一。1960 年他发表了一篇题为“人—计算机共生关系”（Man-Computer Symbiosis）的文章，设计了互联网的初期架构——以宽带通信线路连接的电脑网络，其目的是实现信息存储、提取以及人机交互的功能。

④ 鲍勃·卡恩（Bob Kahn），1938 年 12 月出生，美国计算机科学家。本名为罗伯特·卡恩（Robert E. Kahn），鲍勃·卡恩是他的别称。他发明了 TCP，并与温顿·瑟夫一起发明了 IP。这两个协议成为全世界因特网传输资料所用的最重要的技术。他是公认的“互联网之父”之一，2012 年入选国际互联网名人堂。

是绝不是唯一重要的。我后来看了利克莱德于 1962 年发表的文章《人机共栖》，它影响了后人，影响了“互联网之父”温顿·瑟夫和鲍勃·卡恩。我认为影响了他们的设计思想的，实际上是利克莱德提出的那个全世界的计算机网，而且这个网是为了每一个人的。

访谈者：您觉得中国网络环境有哪些不足的地方需要改进？

胡启恒：我觉得我们自己的生态环境，比如发生了竞争，它往往不是一个良性的竞争，“万类霜天竞自由”，应该是一个公平竞争，但是如果在竞争中有了一些不公平的因素，那就不好了。为什么竞争的公平环境会被破坏呢？往往是因为有的时候，大家没有规则意识、没有一个共识。另外，侵犯别人的知识产权，也造成了一种竞争的不公平。再有就是一些恶意的、很不文明的语言用在网上，我觉得这也会恶化我们网络环境，从而使得一些年轻人和他们的家长觉得最好不要上网。所以，我觉得解决这些问题还有待于我们大家共同努力。维护网络的文明、网络的公平竞争环境，当然要把政策、法规制定得更好，更需要大家维护、倡导网络的文明和清洁环境。另外还有很多可能属于行业规则，像3Q大战[①]的时候，最后就形成了一个行业的规则[②]。行业守则，也是需要大家自觉遵守，如果不遵守，行业守则也没有用。归根到底，需要大家共同努力。[③]

我认为人际沟通可以把人变得更聪明。有一个故事是讲，在远古时代，地球上的人团结一致建立通天塔，要到天上去。上帝害怕了，于是给地球上的人制定了不同的语言，让他们的沟通交流发生了障碍，之后他们建塔的速度就慢了。这个故事说的就是交流和沟通是多么重要。当人们在表达自己的时候，思维是积极的，会去注意别人在说什么。我认为互联网提供了这样一个平台，它一定会有助于我们每一个网民通过互联网的平台去学习和进步，这个学习的概念也是广义的，这个学习在开放、沟通的环境下，在互联网的环境下就是很自然

---

① 3Q大战，即腾讯与360之争。为了各自的利益，从2010年到2013年，两家公司上演了一系列互联网之战。

② 中国互联网协会牵头制定了《互联网终端软件服务行业自律公约》。

③ 人民网强国论坛，2013年8月8日，《胡启恒：中国互联网应与世界融合，好好练内功》。http://fangtan.people.com.cn/n/2013/0808/c147550-22496923.html。

的过程。我们通过沟通会修正自己，使自己的意见更完善、更完美，我相信未来的网民会更聪明，更有智慧，更善于和别人沟通，也懂得对社会应尽什么样的责任。这样就会使我们的网络环境更加和谐，使我们的网络在建设一个富强、民主、和谐的社会当中所起的作用更加凸显。[①]

访谈者：我本来是希望在这些重大事件之外，您也能够谈谈个人的成长历程，我觉得这是一个人的源代码，很重要。

胡启恒：不值得谈。你千万要知道，这个事儿是科学院做的，不是我个人做的，这是科学院的行为。为什么我要做这个，也跟科学院那些科学家告诉我他们要花多少钱，花多少时间传他们那些数据有关系，我们科学院迫切地需要这个互联网，所以我做的完全是科学院的行为，不是我个人的行为。我在那个位子上，我执行这个事儿，就是这样。

---

① 新华网，2009 年 11 月 2 日，《胡启恒：网络的监督作用不可替代》。http://news.xinhuanet.com/internet/2009-11/02/content_12375181.htm。

另外互联网进中国，我们科学院抓住时机做了最有效的工作。我们没多做，就在这个时候抓住了NCFC，我们做得最有效，就把它做成了。但是在其他的地方，还有很多其他的团队也做了努力。

第四次访谈

访谈者：方兴东
日　期：2020年10月10日
地　点：中国科学院黄庄小区

访谈者：这次疫情对您生活有多大影响？

胡启恒：我觉得没有多大影响，因为我本来也就是在家里待着。

访谈者：对，还好，如果您在硅谷就不太好了。2019年您是几月份回来的？

胡启恒：我是2019年9月回来的。

访谈者：对，我浙大的博士后导师就在拉斯维加斯被困住了，最近才回来。

胡启恒：你们在外国采访了那么多人，疫情发生以后还去吗？

访谈者：疫情发生以后，我们基本上是通过视频进行采访，这样把非洲一些小国家的人都采访了。但是以后，我觉得对有些人还是要单独采访的。温顿 · 瑟夫得了新型冠状病毒肺炎了，不过还好，恢复得还不错。欧洲的“互联网之父”彼得 · 科尔斯坦去世了。

胡启恒：我不记得他的名字了。我接触了很多外国人，有的不记得了。

访谈者：他是 2020 年春节的时候去世的。2019 年我去日内瓦的时候，本来想要采访他的，但他临时有事说再约时间，之后就没再约上。您看到净网行动了吗？国际互联网协会发了个声明。

胡启恒：很好。

访谈者：所以对于这个事情您怎么看？

胡启恒：我觉得国际互联网协会就应该这样。在有些人看来，它是美国的代表，这其实是非常错误的。它就是为互联网而生的一个团体，应该说它还是比较公正的，没有什么偏见。也不像一些人想象的那样，它等于美国，国际互联网协会要做什么事情，就等于是美国要做什么事，这完全是不对的。

访谈者：我最近在写一篇论文。我想所谓的互联网精神，实际上就是科学精神。

胡启恒：对。

访谈者：我觉得实际上美国的互联网，包括国际互联网协会的人，以及自由、开放、共享，这些都和科学精神是一样的。斯蒂芬·沃尔夫跟我说过，在 20 世纪 90 年代中期之前，互联网从来没有进入过美国政府高层的世界里。实际上还是这些科学家确定了互联网整个基本的技术架构、网络治理的机制以及文化和价值观等。

胡启恒：最早美国政府之所以支持这个项目，确实跟冷战有关系，这个不可否认。可是同样不可否认的是，互联网并没有成为美国的一个战略工具，而是成就了一个新的时代。

访谈者：所以我觉得它还是一个科学家和工程师的工具。

胡启恒：对，科学家。特别是约瑟夫·利克莱德最先大声说出的这种思想，为什么现在把他尊奉为互联网思想的奠基人，就是因为互联网真正是遵循了他的想法。一直到现在来看，我还觉得他的这种思想非常超前，但并不等于说他的想法是空想。我觉得他的想法不是空想，现在已经实现了一部分，实现了相当大的一部分，但是还不能够完全实现。原因在哪儿？就是人类太复杂了。人们的思想体系、政治体系、治理体系都跟不上他的高度，所以就出现了利用互联网犯罪这类事件。但这是人类的缺陷，人类还没发展到那个高度，不等于先驱者的思想是错的。

访谈者：前两天我看到一篇文章，是亚太互联网络信息中心的首席科学家写的一篇文章。当时澳大利亚的互联网是他引进去的，他说他现在很后悔做这个事情。他原来对互联网是一个乐观主义者，但现在对互联网很失望，所以您觉得中美按照这个趋势下去，互联网前景会怎么样？未来是乐观还是悲观？互联网会不会分裂？我觉得这是一个很现实的问题。

胡启恒：互联网其实跟人类所有的技术进步一样，我觉得从长远来看是乐观的，从眼前看可能有一些曲折。这个谁知道呢！美国要清网，中国要在国际电信联盟[①]立项

① 国际电信联盟 (International Telecommunication Union，缩写为 ITU)，简称国际电联，是联合国负责国际电信事务的专门机构，也是联合国组织中历史最悠久的国际组织。其前身为根据 1865 年签订的《国际电报公约》而成立的国际电报联盟。1947 年，国际电信联盟成为联合国的一个专门机构，总部从瑞士的伯尔尼迁到日内瓦。

造第二个互联网。现在的互联网是去中心的，没有中央控制。中国想要造一个有中央控制的互联网，在国际电信联盟已经发布了报告，但还没有正式立项。正式立项可能要在2020年的秋天。现在已经10月了，还没看到确切的消息，但是这件事情中国恐怕是决心要做了。2019年年底，在国际电信联盟报告这个事儿的时候，当时赞成的有沙特阿拉伯和伊朗，它们支持中国建立一个由中央控制的互联网。

访谈者：实际上我个人原来是很乐观的，但是现在也有所改变，因为我研究整个互联网历史发现，在互联网前面的三四十年，真正主导互联网的是学术界的科学家。当时科学界是有主导性力量的，但现在商业很强，政府也很强，科学界越来越边缘化了。像你们这些老一辈的科学家也基本上都退休了，新的管理互联网的这些人，他们也没有很多的价值观，管理也跟原来的不一样。所以我觉得这种结构性的变化，可能真的会让互联网的发展越来越曲折。

胡启恒：对，是这样。

访谈者：所以您有什么好的建议，这个该怎么办？包括中美之间这种情况。

胡启恒：我也没有想出什么好的办法来。只能说是建立一些规则，政府联盟能够达成共识地在全世界面前公开表态，里面每一个都代表自己的国家郑重承诺：我们不利用互联网作为攻击别人的工具，我们不支持互联网犯罪。但是我的这种想法本身就是很天真的，因为那些政府的代表即使做了这样的承诺，也并不认为他们必须这样做，只是必须这样说。他们说了以后，又做了什么，谁也不能预料。

2016 年 7 月 2 日至 9 日，我们专门去美国华盛顿跟温顿 · 瑟夫及一些互联网先驱做个人交流，目的是希望中美在互联网方面的合作能做得更好。那个时候我极力跟他们建议，要跟中国政府坐下来好好谈，中国政府还是认可联合国的。所以我非常努力地去说服，希望美国人能够认识到他们轻易抛弃联合国是不对的。可是美国的舆论是非常讨厌联合国的，所以我在这样说的时候，他们都瞪大了眼睛看着我，但是我说为了要让我们的政府承认，得有一个合法的框架。我们政府愿意坐下来和他们一起谈，还是不能抛弃联合国的。

访谈者：那时候见了哪些人？

胡启恒：我们见了很多人，还见了好多的国会议员。

访谈者：能再具体讲讲吗？

胡启恒：当时我们找的是国家互联网信息办公室的主任。他对我们打算去做的这件事表示了支持，但并不是他派我们去的。不过，既然他表示了支持，我们就更觉得可以去。一起去的人有我、周宏仁、李晓东、陈静、高新民、闫保平，还有中国互联网协会的两个秘书，我们这几个人都是以个人身份去的。我真正是去探亲的，周宏仁本来就在华盛顿工作。所以，我们基本上都是以个人身份，不是一个代表团。但是美方很认真地接待我们，让我们住在他们国会的一个别墅里——位于弗吉尼亚州阿灵顿的Cedars山庄，通常被称为“The Cedars”。这个地方非常好，非常美，有山有绿地，还有一个像小小的宫殿一样的房子，里边都是古物，都是古代皇家的东西。我们感觉像是住进了一个博物馆里。当时美方的接待非常认真。

访谈者：哪些人参加了，有温顿·瑟夫吗？

胡启恒：温顿·瑟夫是我们专门约的，他说愿意花两三个小时和我一个人谈，但是事实上并不是只有我一个人，旁边还有他的夫人，以及记录的秘书。当时温顿·瑟夫和他夫人，还有我，我们三个人在Cedars山庄的一个地下一层的书房谈。我当时没有见到美国的官方人士，除了温顿·瑟夫我们还见到了好多议员。和我们进行交流的很多都是一些美国的智库人士，他们讲他们的看法，我们讲我们的看法。基本上没有争论，没有质疑，没有问答，然后大家合影，再分散聊聊，就这样。

访谈者：那您跟温顿 · 瑟夫沟通得怎么样？

胡启恒：当时我就跟温顿 · 瑟夫讲我的看法，现在看来我这个看法是非常幼稚可笑的，因为实际上是不可能做到的，我当时对美国朝野对联合国的看法那种情况不是太了解。当时温顿 · 瑟夫跟我提出说，他最头疼的是网上犯罪的黑客无孔不入，这些黑客是民间的还是有政府背景的，谁也说不清楚。但是，这很让他们感到头疼。我就建议说，要想解决问题，唯一的办法就是政府坐下来，分别代表自己的国家郑重地向全世界承诺：我们不支持黑客行动，不支持利用互联网来作为攻击别人的工具，不支持窃取别人机密这种事。这样的话我觉得对双方都有约束力，就可以减少网上的攻击行为。我还跟他提出一个看法：互联网的治理和互联网的搭建是一样的，都是一个很大的工程。因为建起一个互联网，还需要为它的方方面面制定很多的规则，才能让它为全球的人提供有效的服务。人类社会就有很多的规则，例如各种国际协定、国际条约，包括商业的、政治的、军事的、法律的、学术的、航海的等各方面都有。多少个国际协定、国际约定，才为二战以后这样一个和平的世界奠定了基础。大家都遵守这些条约，才能在公海上互相航行不相撞。和平的世界都是由这些各国共同遵守的规则、条约、协定等搭建起来的。

现在互联网搭建的网上世界，跟物理世界一样复杂，或者说更复杂。并且互联网本身就是一个公海，在公海上两条船相遇，就得有海洋公约、海事裁判。但是对于互联网来说，这些都没有。所以我们建立起来了一个互联网的新世界，就应该给新世界建立很多的条约、协定、国际间共同认可的东西。这些东西都是“互联网治理”大厦所需要的、不可或缺的预制板和零部件。这些零部件需要有一个地方来把它们收集起来，慢慢地有秩序地组建成“互联网治理”大厦，而且这是一座很宏伟的大厦，不是一两天能建成的。

在互联网建立的过程中，有一个立下大功的组织——国际互联网工程任务组。国际互联网工程任务组是没有国界的，它在国际互联网协会支持下，为全球互联网工程技术提供最权威的服务。全世界的工程师，只要你愿意把自己的发明创造提供给全世界的人在互联网上使用，就可以去参加国际互联网工程任务组，把你的创造拿出来共同研究。各国工程师经过一起讨论，认为它可以成为互联网的一部分，国际互联网工程任务组就把你的创造加入 RFC[①] 的名单里，成为全球互联网技术标准的一个组成部分。对于互联网能从 20 世纪 70 年代末时的草创状态，发展到现在这么丰富、强大，这中间的差距真是很大很大！如果没有国际互联网工程任务组这样一个公平公正、开放透明、受到全球互联网人的信任，并享有崇高权威的组织，互联网技术的不断演变进步、功能的丰富提升，是完全不可能想象得到的。

我对温顿 · 瑟夫说，我们是不是应该建立一个互联网治理方面的国际互联网工程任务组？就叫作 IGTF（Internet Governance Task Force）吧，它应该完全采用国际互联网工程任务组的运行规则和机制，但是负责建立的不是工程技术标准，而是互联网治理方面的规则和法律。温顿 · 瑟夫说好，他甚至愿意主动承担任务，由他负责把这个想法写成一份提案。我想他那么忙，不过当时也没好意思反对。

① RFC，即征求修正意见书，Request for Comment 的缩写，用来记录和分享协议开发设计的系列备忘录。斯蒂芬 · 克罗克（Stephen Crocker）于 1969 年 4 月 7 日发出了第一份 RFC，题目为“主机软件”。

可是后来他一直没写，我自己也想了想，觉得可能不行，因为治理的事情可不是那么简单，毕竟跟技术和工程还是太不一样。

在华盛顿我们停留了一周的时间。有机会跟一些国会议员一起吃饭的时候，我跟有些人说过这个想法。美国人不喜欢联合国，联合国也确实需要进行深刻的改革、改变，我也是这么认为的。但是中国政府认可联合国，如果没有联合国的话，美国怎么跟中国政府坐下来讨论这个问题呢？如果大家不认可联合国，那是不是就“各自找自己喜欢的伙伴聊天”？那美国就找欧盟或者澳大利亚、加拿大，中国就找俄罗斯、沙特阿拉伯、伊朗，这不是又把世界割裂了吗？所以美国要想跟中国坐在一起谈，就不能抛弃联合国，可以努力改变它，推进联合国的改革。但是我估计这种说法确实也没什么用，后来我们的活动进行了一个星期左右就结束了。我又回到美国我女儿的家里继续度假。

访谈者：你们交流了多少天？

胡启恒：一个星期。

访谈者：那时候特朗普还没当选吧？

胡启恒：对。那是2016年的7月。

访谈者： 那时候中美关系还行，虽然偶尔吵架，但是总体来说还行。

胡启恒： 那个时候中美之间的交流还有很多渠道，一线、二线、三线，我们这个活动算不上任何线。我们是跟官方离得很远的，基本上就是中国互联网协会秘书处的一些朋友，以及朋友的朋友。他们跟美国那边到底是怎么样沟通的，我也不太清楚。

访谈者： 你那次去国际互联网协会的总部了吗？

胡启恒： 国际互联网协会总部没有去，但是和林爱慕单独见面了，我俩当时都在波士顿。

访谈者： 她现在已经离开国际互联网协会了，是吧？

胡启恒： 是的。她当时在波士顿，我也在波士顿，我们就见了个面。我们在波士顿找了一家咖啡馆，喝了咖啡，吃了早饭，然后聊了一会儿。

访谈者： 对，这些人都还挺好的。

胡启恒： 完全是民间的。我们这 6 个人没有任何准备，在国内我们自己都没有碰头，没有商量一下就去了。各人脑子里想什么就说什么，就是这样一个纯粹的民间活动。

访谈者：这种交流多一点的话，其实挺好的。

胡启恒：但是，我们在华盛顿的时候，美方接待得非常周到、认真。我们 6 个人就想回来以后，一定也要邀请美方的人来中国，但后来这个邀请一直没有实现。只是在 2017 年年底，有几个人来了。做过互联网名称与数字地址分配机构主席的罗德·贝克斯特朗（Rod Beckstrom）和他的两三个伙伴来了。很少的一些人来了，当时接待我们的那些人没有都来，我们没能做到。

访谈者：对，那个人挺好的。

胡启恒：他们来了之后我们请他们吃了顿饭，就这样。当然，这跟他们当年对我们的接待不能比了。

访谈者：但是，2016 年以后到现在中美关系也是急转直下。

胡启恒：后来就越来越不行了。

访谈者：您现在跟温顿·瑟夫还有联系吗？

胡启恒：有的时候跟温顿·瑟夫有邮件往来。但他生病了，后来我知道他好了。知道他好了后我给他发了一个问候，我说："你好了，我非常开心。"但他没有回信，我也不知道他怎么了。

访谈者： 反正他的推特在更新，我们也给他发了邮件。

胡启恒： 你们最后见到温顿·瑟夫是什么时候？

访谈者： 我们在 2018 年见过。

胡启恒： 2002 年我们在中国举办互联网大会，温顿·瑟夫亲自来参加了，他很开心。上海市把这个会办得很漂亮。

访谈者： 那个会议还是不容易的。

胡启恒： 那个时候很多人还不知道互联网是怎么回事，我们竟然在上海开那么大的会。贡献最大的是黄澄清，他是代表信息产业部来和我一起工作的。由于他的沟通和努力，当时的信息产业部副部长和上海市信息办主任韩正，还有上海移动的领导等都很支持，做出了关键性的贡献。那个时候已经有长城防火墙了，国内不能够直接访问外国的网站。当时上海移动负责通信，给会议开了一个“天窗”，保证开会期间网络与全球的连接完全通畅。在大家共同努力下，这个首次在中国举办的全球互联网大会开得非常成功。

对了，有一个故事，温顿·瑟夫和周有光[1]的故事，你知道吗？

访谈者：您讲讲。

胡启恒：2016 年我跟温顿·瑟夫在 Cedars 山庄的书房里聊天的时候，他拿着他的手机问我："Madam Hu（胡女士），请你告诉我，你究竟是怎么样把那些中文字符输入手机里边去的？"我说："这是因为我们的拼音。"他说："谁发明了拼音？"我说："是一位老先生，他现在已经 111 岁了。"他说："哇！ 111 岁，我要见他！"然后他就点他的手机，马上问微软的人工智能："Who invented PinYin（谁发明了拼音）？"手机一显示他就给我看，我一看：周有光。我说："对，就是他，他已经 111 岁了。"他说："我要见他。"我说："你真的要见他？"他说："他已经 111 岁

① 周有光（1906—2017），原名周耀平，出生于江苏常州，语言学家。早年研读经济学，1955 年调到北京，进入中国文字改革委员会，专职从事语言文字研究。周有光的语言文字研究中心促进中国语言现代化，他对中国语言现代化的理论和实践做了全面的、科学的阐释，被誉为"汉语拼音之父"。周有光是汉语拼音方案的主要制定者，并主持制定了《汉语拼音正词法基本规则》。

了，我要抓紧。”我说：“你放心，如果你是认真地要见他，我回去一定为你促成。”

我当时从华盛顿回到波士顿我女儿家，之后回国的时候都已经 10 月了。

周有光虽然那么大名气，但我并不认识他呀。所以，回来以后我就急忙找跟周有光可能有联系的人，终于真的找到了。我果然找到了一个朋友的朋友，跟周有光有联系。我就被介绍给了周老的亲戚。当时周有光一个人住，周围只有两个小保姆。我跟他的那位亲戚先见了一面，他让我先来与周老见一次面。我就带了一张我和温顿·瑟夫两个人在华盛顿拍的照片，去见周老。我向他介绍了这位想拜访他的“互联网之父”。周老先生看着这张照片时，我说：“你看，温顿·瑟夫，就是他，世界‘互联网之父’，他要见你。”周老先生很活泼快乐，对我伸出双手，大拇指朝上，表示他欢迎温顿·瑟夫来拜访。啊，他同意了！我太开心啦！我就跟他的亲戚商量什么时间见面。他的亲戚说周有光的 112 岁生日是在 2017 年 1 月 13 日，他们一般在春节前就要给他过生日，那个时候家人和朋友都会来看他，应酬比较多，能不能错开这个时间与温顿·瑟夫见面。后来我们就约定了 1 月 14 日，因为温顿·瑟夫告诉我他接受了一个邀请。国内的团体邀请温顿·瑟夫来作报告的非常多，他可以从中选一个时间比较合适的。他说：“为了抓紧时间见周有光，我选一个 1 月份的，这是最早的了。”我说：“那就定在 1 月 14 日前往周家拜访。”温顿·瑟夫非常高兴。他提前几天到了北京。14 日早上，温顿·瑟夫在一个会场为中国信息化百人会作报告。我们说好，等他报告完，吃个午饭，我就陪他直接去周有光家里。当时去周有光家里照相录音的各种准备都做好了。可是 14 日的早上，大家正准备进会场去听温顿·瑟夫报告的时候，就听到有人传来消息，周有光老先生在 14 日的凌晨去世了。可能是过生日这天的活动让老人家太累了。后来我跟李晓东想办法买了永生花——这种花是真花，但永远不会凋谢，然后刻了一个水晶牌，水晶牌上刻的是温顿·瑟夫写的两句话，代表温顿·瑟夫送给周老先生的一个礼物。温顿·瑟夫说这个很好。这个东西最后被周有光的家人摆在江苏常州的博物馆里。

温顿·瑟夫写的两句话是：

In memory of Zhou YouGuang whose drilliant and persistent invention of PinYin helped to bring the Internet and its applications within reach of the chinese speaking community.

Long may he be remembered!

李晓东提供了很简洁的翻译：“聪明睿智，坚忍不拔，拼音网联，汉语世界。”

就是这样的一个以浓浓的遗憾结尾的故事，两位世纪老人的历史性握手未能实现！温顿·瑟夫感到很遗憾，可是没办法，他已经尽快安排了但还是没有赶上。后来我们就很后悔，觉得应该在周老生日以前见，当时都准备好了要发布一个叫世纪性、历史性的会见——两个人都是开拓数字时代的巨人。如果没有周有光，汉语不可能在互联网上成为仅次于英文的第二大语言。

说起周有光这个故事，我也是因为温顿·瑟夫要见他，才知道了周有光有多厉害。当时他定拼音这个方案的时候，是很不容易的。当时语言文字界的学者也有各种学派，一家一个道理。20 世纪 50 年代开会定这个方案的时候，毛主席、周总理两个人都参加了，找了一些专家一起讨论，专家们一面倒，都主张用中国的拼音，就是“bo、po、mo、fo”。当时周有光被认定为国内语言文字的第一专家，唯独他一声不响，就是喝茶。后来周总理就问周老先生的意见，他还是不说话只是喝茶。然后周总理就说今天的会先开到这儿，以后再继续讨论。散会以后，周有光请周总理留下，掏出一本书交给周总理，说："这个书是我写的，为什么汉字一定要用拉丁文来拼写，而不能用'bo、po、mo、fo'。我希望你能看一看，然后希望你看完以后把它交给毛主席看。"

周总理认真地看了这本书，之后明白了必须要用拉丁文，否则没有桥梁，因为自己的语言用自己创造的专用符号来拼写，别人根本看不懂。周总理把这本书拿给了毛主席看，毛主席也明白了。第二次开会的时候，还是那些专家来开会，毛主席就主动说拼音怎么样。他就讲了一通道理，一定要用拉丁文。毛主席一言九鼎，大家就都同意了。周老先生真是绝顶的智慧。

访谈者：这个太关键了。他那时候说过一句话，"不要从中国看世界，而要从世界看中国"。

胡启恒：这位老先生实在是了不起。很可惜我没能够促成这两位老人世纪的会见，但是最后还是留下了这么一个故事。

访谈者：对现在中美之间的这个局面，您有什么建议？

胡启恒：我能有什么建议？

访谈者：这么下去我觉得对于整个互联网的损害也会很大。

胡启恒：这是明摆着的。我昨天和几个朋友一起吃饭，他们说现在感到科技的国际合作跟过去完全不一样。1994 年引进互联网的时候，我没有感觉到有多困难，在国外也没多困难，到处对我们都非常友好和热情。但现在不一样，现在很多跟国外的合作都比较困难。比方说某个国家的科学家或者科学组织，给我们中国科学组织发了一封信，说有这么一件事你是否愿意参加，我们表示了热情，很愿意参加，并且把准备的资料、建议马上寄过去，但是后来就石沉大海了。这是怎么回事呢？就是因为中国表现了热情要去参加，然而这个项目本来只是在征集各方面的反应，一看中国那么热情，其他国家就把脚步收住了。大家都不去了，这项目就搞不成了。最早写信给我们科学组织的这个科学家，反而为难了。他只好也不作声，你再跟他联系他也不回答，就变成这样了。这种冷遇是过去 30 年，我们从来没有感受过的。所以，我觉得这条路肯定是走不通的。现在国际科技进步一日千里，我们可以说我们勤劳勇敢、聪明智慧，但为什么过去 30 年我们进步那么快？还是跟开放有直接的关系。如果在世界上被孤立，我们再聪明智慧、勤劳勇敢，难道要回到改革开放之前吗？所以，不能关着门自己夸自己。这条路是绝对走不通的。

访谈者：目前面临的问题是，我们想走出去，但是别人不让我们进去，怎么办？

胡启恒：为什么？这必须得有点逻辑性，人家为什么关了门不让你进去？是不是有些地方需要自己检讨？你有什么可以改变的吗？如果你什么都不能改变，那你就不能责备别人关着门不让你进去。完全是他们的责任吗？人家也不管谁的责任，反正最后苦果是我们中国人自己来承受，所以这个问题实际上是取决于我们自己的。

访谈者：我访谈温顿·瑟夫的时候，还专门问过他。我说："中国人之前老是说美国会跟中国断网。"他说："这是不可能的。"现在看来，这个可能性是慢慢存在的。如果互联网断了怎么办呢？

胡启恒：互联网不可能完全断，但是会有很多地方被限制。

访谈者：在中国互联网领域，您应该是跟国际交流最多的人之一。在过去这么多年里，您跟全吉男[①]、温顿 · 瑟夫等国际互联网人是如何交流的？能讲讲这方面的故事吗？他们当时是如何帮助我们的？

胡启恒：实际上并没有什么太多的交流。联合国有两个办事处，一个在纽约，一个在日内瓦。在信息社会世界峰会上发难的是中国驻日内瓦大使沙祖康[②]。沙祖康大使在信息社会世界峰会上提出：互联网为什么就只能美国一家管呢？我们也可以管。我为了这个会曾经多次去日内瓦，沙祖康大使每次都请我吃龙虾，给我讲他与美国人既交朋友又干仗的故事。他这人非常爽快，热情洋溢。沙祖康说："有人害怕美国，我不怕。"他就在信息社会世界峰会上发出了关于互联网治理问题的挑战。最后信息社会世界峰会就决定要建立一个 WGIG（Working Group for Internet

---

① 全吉男（Kilnam Chon），1943 年出生于日本大阪，祖籍韩国庆尚道。韩国互联网协会主席。韩国科学技术院荣誉教授，被誉为"韩国互联网之父"。获得美国加利福尼亚大学洛杉矶分校计算机工程专业的博士学位。1982 年，他在韩国搭建、使用 TCP/IP 的网络，这是亚洲最早的互联网探索。2012 年入选国际互联网名人堂。

② 沙祖康，国际欧亚科学院院士，国际欧亚科学院中国科学中心国际关系学部副主任，国际政治及安全问题专家、教授，联合国原副秘书长。

Governance，互联网治理工作组）。WGIG 的任务就是讨论有关互联网治理的问题。WGIG 由当时的联合国秘书长科菲·安南[①]直接聘请的 40 个专家组成。这 40 个专家来自全世界的各个国家，但是都不代表自己的国家，只代表个人。这不是一个官方的会议。当时说是这么说，但实际上向安南提供推荐名单的还是中国政府。信息产业部的人告诉我，决定让我去参加 WGIG。我去参加 WGIG 之前，信息产业部的韩夏司长曾找我讨论这个问题，她说："你说说看，我们要是去参加了 WGIG，应该提出什么样的问题？"我说，这个问题非常的明显，就是一个治理缺位。互联网是全球的，可是它没有一个全球的治理，没有人来负责全球治理。所以到现在为止，互联网的治理和管理实际上就是美国一家在管。网络发展起来以后，很长一段时间里全球网民流行一种排斥政府的主张，认为互联网是化外之地，不需要政府。没有政府什么事，政府就别来过问。网民排斥政府的

---

① 科菲·安南（Kofi Atta Annan，1938—2018），加纳库马西人，联合国第七任秘书长。1972 年毕业于麻省理工学院，通晓英语、法语及非洲的多种语言。1997 年至 2006 年，安南连任两届联合国秘书长；2001 年，他被授予诺贝尔和平奖。2018 年 8 月 18 日去世，享年 80 岁。

结果就是美国政府独自管着网。我就跟韩夏说，我们要去提的首要问题，只有在联合国这个高度上才能讨论的，就是这个。我觉得韩司长也是同意这个意见的。所以，我被邀请参加了 WGIG。我心中的目标就是要把这个问题说明白说清楚。

访谈者：您参加过几次这个会议？

胡启恒：在 WGIG 工作大概有两三个月，主要是电子邮件往来讨论、交换意见，可能也开过一两次会。

访谈者：是在日内瓦？

胡启恒：不是，是各人在各人的家里，我们主要通过电子邮件进行交流。那个时候我住在我女儿在波士顿的家里，每天发邮件跟他们讨论这个问题。有的时候会在日内瓦开会，有的时候也会在别的地方开会。我印象比较深刻的是，在这件事之前，安南来中国访问，当时是政协接待他。

访谈者：这是哪一年？是信息社会世界峰会第一届会议之后吗？

胡启恒：应该是之前，可能是 2002 年。安南来中国访问，可能只有这一次。他来访问的时候，拜访了政协。我那时是政协委员。当时政协安排了一个座谈，邀请了一些政协委员来跟安南见面座谈。我和资华云作为妇女组的委员都被邀请参加了这个座谈。在会上我向安南提了一个问题，我说："现在互联网已经越过国界，在世界各国之间沟通，跟联合国有了交集。许多问题因为没有共同认可的规则，无法解决。不知道联合国对互联网的治理有什么考虑?"安南说："这个问题正好是我们联合国正在考虑的问题。互联网是全世界的网络，我们联合国需要考虑互联网的治理问题。"后来资华云还夸我这个问题问得真好，所以我留下了印象。

在 WGIG 第一次开会，我记得当时令我印象深刻的有两件事，一件事是欧盟当时的代表中有一个是我认识的，他们在聊天时专门找我交换意见。他们问我："是中国在信息社会世界峰会上针对互联网首先发难，所以 WGIG 才成立了。我们就想问问你，中国到底想要什么?"我就跟他们说："我不知道我的国家、我的政府想什么。你们如果要问政府想干什么，那就问错人了。但你们要问我的话，我既然来参加 WGIG，我认为我愿意提的问题就是，为什么只有美国一个政府可以跟互联网的治理发生关系，而其他国家的政府都没有这个权利？这是不合适的，是不平等、不公正的。我觉得全世界都用一个互联网，这个是非常好的，我坚决支持，但是我们用这一个互联网就应该大家一起来管它。”我感觉他们对此实际上也有同样的看法。

还有一件事情是在参加 WGIG 期间，我曾经跟鲍勃·卡恩聊过一次。那是在一次大会上，我坐在最后排，后来鲍勃·卡恩来了，坐在我旁边，我就跟他小声说话，在那种环境下跟他聊了我对于 WGIG 的看法。我说，这件事就好像在一个乡村小镇上有一个非常聪明的年轻人，他拿出一间房子做图书馆，全村的人都喜欢这个图书馆。开始的时候大家只是在这里看书，后来就把自己家里的相册、纪念册等一些东西都放在这个图书馆里共享。那么这个图书馆就成了所有村民交流信息、互相沟通的地方，成了公用的图书馆。这个时候图书馆的钥匙还始终只由创始图书馆的这个年轻人一个人拿着，可是图书馆里放着各个村民家里边的照相册、纪念册等。这时候的管理是不是应该改一改？不能只是他一个人有钥匙，应该有几个村民代表，大家都有钥匙，这样才更合理一些，有个办法来管理这个图书馆。鲍勃·卡恩就笑着表示明白我的意思。

访谈者：那时欧盟也是反对美国一家管的，对吧？

胡启恒：对，后来证明欧盟在WGIG工作过程中和我们的意见始终是一致的，非常好。我们并没有在会外进行过更多沟通，但是在会上他们的意见和我们的意见都是一致的。他们比我说得更好，所以让他们说。他们说的我都非常赞成。我回来后给政府写报告写到我们跟欧盟一致的意见是什么，到最后政府采取的几条建议里边，实际上也采纳了这个意见。后来美国切切实实地采取步骤让互联网名称与数字地址分配机构国际化，我觉得也和WGIG工作的结果有关系，他们认识到只由美国一个国家管，确实不合适，所以才有后来互联网名称与数字地址分配机构国际化这一说。要说互联网治理，给我留下最深印象的实际上也就是这些事了。

在WGIG工作期间，中东一个国家的WGIG成员也曾经找我单独交换意见。他们就比较直接地说："我们和中国联合起来，咱们再另外单做一个网好不好？"我说："我不赞成，我的政府赞成不赞成我不知道，我不代表政府，只代表我自己。我自己不赞成你们这个想法。互联网的价值就在于它是全世界的网，能够在不同的世界、不同的文化之间进行交流沟通。你们有你们的文化，我们有我们的文化，大家的经济也不一样，但是它能把我们都沟通起来，它的价值就在这里。如果再单独搞一个，意义就完全不一样了，这个事情我是不赞成的。”

他们当时就有这个想法，我说我赞成的是“一个世界，一个互联网”(one World，one Internet)。但是这个事情到后来真成了一个问题，所以每次在会上，只要有机会我总要表态，我赞成“one world，one Internet”。因为我是一个中国人，我这样说大家更感到是有价值的。我们中国从来也没有说过，要另外搞一个网。不过，现在好像真是要搞另一个网了。

以上就是我曾经参与、曾经努力去做的，早期互联网在中国的治理。

还有几个小故事：

2013 年中国又一次举行互联网名称与数字地址分配机构的大会，这次大会成立了互联网名称与数字地址分配机构北京中心。这次大会我们又把温顿 · 瑟夫请来了，当时为了让温顿 · 瑟夫了解我们中国互联网在中国发挥的作用，还专门请他到人大附中（中国人民大学附属中学）旁观了一堂网课。做这次网课的思想就是，一般我们的优秀教育资源都在中心城市，一些偏远的地方教育资源不够丰富。我们就在宁夏和河南的两个中学建立了网络教室，使人大附中的课堂和宁夏、河南这两个地方的教室进行实时互动，人大附中的老师在这边的课堂上提问，河南的学生可以举手回答。当时温顿·瑟夫在人大附中参观了这堂网课，他很感兴趣，说："看了这个我知道了，互联网在中国这样一个幅员辽阔的国家，正在发挥它的作用。"

另外还有一件事情，在我心中留下了深刻印象，也是关于参加互联网名称与数字地址分配机构的大会。互联网名称与数字地址分配机构的会通常除了大会，还有很多边会，其中一个重要的边会就是各个国家和地区的 NIC（网络信息中心）在一起开会，会上有 TWNIC（台湾网络资讯中心）也有我们中国互联网协会。中国互联网协会的人就跑来告诉我，他们的会场上出现了桌签，本来是没有的。我跑到会场上一看，确实都摆了桌签。我说这可怎么办？要是不解决这个问题的话，我们就不能参加会议。我就赶快去找会议的组织者，他说："我们只管互联网名称与数字地址分配机构大会，别的边会各有各的负责人，我们管不了他们。"这个时候去找这个 NIC 会的组织者，再把他说服，把这个桌签去掉，需要很多时间，可是眼看就要开会了。我当时想，只有回来告诉中国互联网协会的人，实在不行，这个会我们就不参加。我们就算退出，也不能让会场上出现一个中国，一个台湾。等我跑回会场一看，就看见其他代表面前都摆着桌签。可是，那两个年轻人——毛伟和 TWNIC 的负责人，座位挨在一起，两个人都把桌签放到抽屉里，所以他们俩面前没有桌签。我说："太棒了。"这件事给我的印象太深刻了。这样一件使我觉得为难的事情，这两个小年轻人就这样轻松化解了。事后有人告诉我曾看见一个可能是台湾官员的人拿着相机转来转去。

海峡两岸和香港、澳门成立 CDNC[①] 这件事是钱华林教授做的。钱华林教授非常棒，他把海峡两岸和香港、澳门组织起来成立一个 CDNC，这件事情我是坚决支持他去做的。因为当时在非英文的域名方面有很多斗争，有的就排斥中文，比方说印度文，当然他们自己也很复杂。但是对中文来说，台湾和大陆到底该怎么用，这很复杂。钱华林发起 CDNC 一起来商量，这样的话我就很放心了。这样我们提供给外国的，提供给互联网名称与数字地址分配机构的，是海峡两岸和港澳都同意的，大陆

① 2000 年 5 月 19 日中文域名协调联合会（CDNC）正式成立，着手联合研究并解决中文域名注册和使用中的一系列潜在技术难题及管理问题。

不会压了台湾，台湾也不会压了大陆。我们对政府也比较好交代，所以钱华林做这个事非常好，这是在网络治理方面很重要的一件事。这实际上都是我们曾经走过的历程。

我觉得在这个过程中，我们融入了这个世界，不仅受到了自己内部的欢迎，也受到了世界的欢迎。可是现在要脱开的话，世界其实也是不愿意中国离开的，中国内部更不愿意离开，离开的话我们会倒退落后的。所以问题的关键在于，认识到打开我们封闭的窗口，对中国是有多么重要。中国几千年的文化、历史的确无人能比，一直到现在还始终保持着。可是我们有优点同时也伴随着缺点，认为自己太强大了，可以自己发展自己，但是事实上过去的30年证明了，如果能够融入世界，你会更强大，你的不足也会得到补充，而且会进步得更快。所以我觉得还是要交流，要打开窗户，看外面的世界。在参与世界当中改善我们自己，并且改变以自我为中心的习惯。我们中国人有很多的优点，但也有一些缺点，这缺点跟我们千年文化也有关系。我们向来都不太喜欢外来的启蒙，正是因为我认识到了这一点，我认为对中国的传统文化我们应该是取其精华去其糟粕，而不是全盘接受，所以我认为互联网非常重要，不只是科技需要它，它还为我们的社会开辟了一个窗户。我希望它在中国能够茁壮生长，可没想到 30 年以后，居然还要建立第二个互联网。第二个互联网的目的肯定是又要和世界隔离，这个真是我没想到的。我希望事情不会真的变成这样。不过，既然有人提出，必是有理由让他们觉得需要建立第二个由中央控制的互联网，有他们的道理，但我是不了解的。我个人的看法，是希望能够找到更多的理由去克服他们的那些理由，有更多的理由不要去建立第二个互联网来分裂这个世界。

访谈者：您这些观点形成的源头在哪儿？是从一个科学家的角度来看的吗？

胡启恒：我一直都是这么认为的。我一直都认为我们中国的文化里有很多不好的东西，比如说我的母亲，她是一个非常聪明的人，但从小被父母裹小脚变成残废，走路很困难，这种文化是我们传统文化的一部分，难道值得我们去发扬吗？值得我们去继承吗？还有很多这类的东西，我们必须舍弃。但是可惜现在很多所谓的国学，把过去的那些东西拿来从头讲一遍，甚至想把阴阳五行、金木水火土放到科学体系里边。只有一些科学家会说这不是科学，然后他们说的话在网上流传，但是我们官方并没有说过。我们的人民是需要引导的，大家都已经习惯了，什么事情都要看中央电视台。但中央电视台没有说过这些不好的文化，所以可能外来的说教不如自己教育自己好。而网络它是自己教育自己，例如如果我在网络上发表了一通仇恨全世界的话，别人说我这样说是不对的。那么，我自己就会考虑一下，我说的这些仇恨全世界的话，不如别人发表的那些话好。下一次再发表的时候，我就会稍微有一些收敛、有一些礼貌、有一些温度了，自己就会发生改变。我觉得这是一个非常好的自我完善，互联网可以帮我们跟上时代，让我们百姓能够变得更好。

在中国互联网 20 周年的时候，协会一定要我写一篇纪念文章。我想，写纪念文章，难免要穿靴戴帽，这种文章已经很多了，用不着我写。我就写了一篇抒情散文。结果有一个人，他就用小楷从头到尾把我的文章抄下来，然后通过宁玉田把这个送给我了。宁玉田不肯告诉我这是谁写的，我怎么问他，他也不说，但他表示这个不是他写的。这说明这些东西还是引起了一些人的共鸣。这本来是我自己抒发的个人感想，结果这个人把我这篇没有什么价值的东西变成了一个艺术品，我很感谢他。所以我准备将来把它送给中国的互联网博物馆或者计算机博物馆。

访谈者：我们一直想搞一个互联网博物馆，但是现在还没有太大的突破。我觉得你们早期非常非常重要，中国互联网协会又回到工信部了。

胡启恒：他们总算明白了，网信办管这个是不合适的。

访谈者：但是中国互联网协会回到工信部，和在科学院也是很不一样的。

胡启恒：应该说差别不是太大吧。

访谈者：那还是很大的。

胡启恒：但是中国互联网协会设在科学院的时候，我们对工信部的人是特别欢迎的，把他们请来指导中国互联网协会。

访谈者：但实际上您当理事长，跟现在退下来的部长去当理事长，是不一样的。

胡启恒：每一个人都是和别人不一样的。

访谈者：所以很多东西真正考察一下的话，我们自己确实应该反思。

胡启恒：肯定会越来越好的。但是它的起步很重要，得让那些年轻人都建立起一个观念：我们要跟世界一样，要向世界看齐，而不是在国内看某一个处长或局长的脸色。世界都这样做，我们要做得更好。

访谈者：还好开头就把这个局面打开了。

胡启恒：开头还是很重要的。

访谈者：中国互联网协会真正的黄金时代就是您任期的时代，后来协会的作用不一样了。能讲讲周光召在计算机网络方面的贡献吗？

胡启恒：周光召院长没有直接介入，但始终非常热情地支持中国互联网。对于我提出来要做的几件事，他都同意干，而且要求必须干好。

访谈者：1996年颁布的互联网联网的暂行规定，您是不是也参加了几次会议？

胡启恒：那个事情我不是直接参与。是邮电部起草后，在发布之前征求大家的意见。在中国互联网协会工作委员会上讨论过不止一次，大家对那些规则都提出了一些意见。起草这些政府的文件我一律都没有直接参与过，只是发挥了中国互联网协会工作委员会的作用，帮助政府制定规则。

访谈者： 但是参加过征求意见的会议吧。

胡启恒： 那可能有。比如说开会找了很多人去，那可能我也去了，但那些我都没有深刻印象了。

访谈者： 互联网国际合作中还有哪些让您印象深刻的人和事吗？

胡启恒： 韩国的全吉男。他在研究亚太的互联网发展史。他对互联网有着宗教般的热情。这一点我跟他还是挺谈得来的。开始的时候，我跟他交往比较多，在一些会上经常见面，当时我们成了朋友，他还请我去韩国，但是后来就没有什么来往了。

访谈者： 1992 年至 1994 年之间，中国互联网单位的专线接入，您有印象吗？

胡启恒： 当时邮电部决定直接跟世界互联网沟通，给我们开一条专线，这个是朱高峰副部长的特批，而且这条专线也不需要交双倍的钱。后来好像还增加了一条 .edu 专线，因为他们有校园网、CERNET[①]、CERNET2[②]可以直通世界的互联网。慢慢专线就多了，就不止我们这一条了。我们这条变成了科技网的专线。1995年中国电信全国的网建成，到1996年互联网就正式商业化，普通百姓都可以上网了。在它们形成以后，我们这儿就成了一个边缘。原来只有通过我们的专网才能够到达世界互联网的主干网。当电信商业网起来以后，它变成了大道，我们成了小道，就很少人用我们这个网，大家都用中国电信的网了。

---

① CERNET，即中国教育和科研计算机网（China Education and Research Network），是由国家投资建设，教育部负责管理，清华大学等高等院校承担建设和管理运行的全国性学术计算机互联网络。1996年被国务院确认为全国四大骨干网之一。

② CERNET2，即第二代中国教育和科研计算机网，是中国下一代互联网示范工程（CNGI）最大的核心网和唯一的全国性学术网，也是目前所知世界上规模最大的采用纯IPv6技术的下一代互联网主干网。

胡启恒访谈手记

方兴东

“互联网口述历史”项目发起人

2020年，中国网民数量突破9亿大关，加上新冠疫情的影响，互联网已经真正成为几乎所有中国人的基本生活方式。很多人都会觉得今天我们享受互联网的好处是自然而然的，也是理所当然的。但是，真正深入了解中国互联网发展的历程，尤其是互联网发展早期的历史，就会发现其实其中充满艰辛和不易。如果没有一批富有互联网精神的互联网先驱的努力，历史行进的轨迹很可能会完全不一样。胡启恒院士就是其中最具代表性的一位。中国互联网界流传着一句她的名言：“互联网进入中国，不是八抬大轿抬进来的，而是从羊肠小道走进来的。”

今天的中国互联网已经是一个巨大的市场、巨大的产业，有无数的精彩与热闹。但是，在谈论互联网时，胡启恒院士最常提到的词汇，也是她最为关切的，就是“互联网精神”。对此，我当然有着特别的感触。我兴奋地把自己互联网实验室的名片递给她，说：“胡老师，您看看我们名片上印着的宗旨——‘以互联网精神为本’。”

胡启恒院士一共接受了我们四次访谈。2007 年，“互联网口述历史”项目刚刚启动，胡启恒院士就第一批接受了我们的访谈。但是当时并不是我自己亲自采访的，所以错失了一次与胡院士深入交流的机会。也因此，后来的口述历史相关访谈我都坚持自己直接进行。

第二次访谈是在 2013 年，依然是胡启恒院士来到我们的办公室。我们一口气聊了将近 3 个小时，构成了这次出版内容的核心主体。第三次访谈差点没有成功，因为这一次的访谈触及了她的成长历程。

她不想谈论自己成长历程的话题，她说这些与她从事的互联网工作关系不大。于是，我调整了大纲，将重点放在互联网精神的阐述和她参与国际网络治理的内容上。然后，她便欣然同意了。

从几次访谈中，我可以感受到胡院士的严谨和坚持，她有着清晰鲜明的界线。胡院士对于她参加中国互联网建设部分的内容，可谓知无不言，言无不尽。尤其是第三次访谈，她一再强调需要纠正过去一些报道的偏差，例如，1994 年她去华盛顿与美方沟通中国互联网接入问题，并不是官方的授意，也不是代表中科院，而是她自己要去办这么一件事。她利用开会以外的时间去找了当时管理互联网的美国国家科学基金会，和有关负责人进行了面对面的沟通，而这次沟通后中国互联网就接通了。

1994 年 4 月 20 日是中国全功能接入互联网的纪念日，也相当于中国互联网的诞生日。这个日子的到来与胡院士的个人努力是分不开的。她个人的能动性和创造性，在中国互联网早期发展的过程中发挥了巨大的作用。中国互联网的接入和诞生，也遵循了这个基本规律。这才真正符合互联网当时的状况和特性。2017 年 8 月，我在华盛顿做斯蒂芬·沃尔夫的口述历史访谈，他是当年负责美国国家科学基金会互联网项目的主管，他也特别强调，1994 年互联网根本没有进入美国政府的视野，全球接入互联网基本上都是民间自发的行为。

在商业明星占据焦点的中国互联网界，胡启恒院士的名气到底有多大？当然不大。大多数普通百姓可能都不知道她。她与马云、马化腾、李彦宏等人的名气更是没法相比。但是，我越是跳出中国，走向世界，越是感受到胡启恒院士的名气之大。我在海外采访互联网先驱，让他们评述中国互联网的时候，他们提到的第一个名字常常是胡启恒（Madam Hu），而且对于胡启恒院士的评价，无不充满敬意。国际社会这种独一无二的敬重，无疑是对她最好的肯定。

黄澄清是胡启恒院士当年在中国互联网协会的搭档（胡启恒是理事长，黄澄清是秘书长，他们两人搭档创造了中国互联网协会的黄金十年）。说到胡启恒院士的时候，黄澄清特别动容。他说，胡院士从来不领取协会的报酬，有一次他去胡院士家，看到她的家里如此俭朴，便掉出了眼泪。胡院士的家里除了简单的桌椅，没有一件奢华的家具，与她的家庭背景和院士身份完全不匹配。只有对物质享受毫无追求的人，才能做到这种程度。而在这个时代，这样的人已经越来越罕见了。

第四次访谈是 2020 年在她的家里进行的。到了她家中，可能最抢镜头的还是她家的猫。胡院士很喜欢猫。她说，猫的生活非常简单，要求也很简单，只要吃饱了，有一个地方安全睡觉，它就满足了。当感到不舒服的时候，它会躲到一个角落里，不让你看见，而你看见它的时候，它总是快乐的。现在，她的生活也有点像猫的生活一样简单而纯粹。1934 年出生的她已经 86 岁，但是身体依然很好，思维依然敏捷。这一次访谈，她最想分享的就是关于当年“互联网之父”之一温顿·瑟夫和“中国汉语拼音之父”、百岁老人周有光失之交臂的世纪之约。她觉得这个故事太值得被记录下来。

中国互联网发展中的各种问题依然是她每天的牵挂。因为有了胡启恒院士这样高风亮节的长者，中国互联网多了一份真正的互联网精神，有了一份沉厚务实的价值观，赢得了国际社会更多的尊重。无疑，这是中国互联网的大幸。她是中国当之无愧的互联网开创者。作为第一位入选国际互联网名人堂的中国人，胡启恒院士是中国互联网发展道路上的一位大功臣。她是中国互联网人，是中国互联网的标志，是中国互联网的丰碑。

访谈者评述

作为一个学者，从胡启恒院士所获得的声誉和外界的认可来说，她应该是比较幸运的。与大多数非商业领域的人士相比，她抓住了很多机会，得到了国内外同行的认可。目前胡启恒院士是我们的系列访谈中获得荣誉最多的被访谈人，但我觉得还是很不够，因为那仅仅是学界、同行对她的认可，整个社会知道她、关注她的人非常有限。胡启恒院士做出的贡献，应该被更多人知晓。

最可贵的是，胡启恒院士对互联网精神有很深刻的理解。在价值观层面，胡启恒院士对互联网精神的原教旨领悟得非常透彻，而且坚持得很好。也许这是现在的状态，起初她对互联网不一定会有这么清晰的认识，但她的角度和视野确实不一样。

当年的很多事情，包括互联网的接入，胡启恒院士都是最早的接触者。她做的几件事，在整个中国互联网发展过程中起到非常关键的作用：第一件是中国互联网络信息中心的组建，国家能够把运营服务器放在中科院，跟她的努力是密不可分的，这对中国互联网来说，是一件非常幸运的事情；第二件是中国互联网协会的成立，她在推动互联网治理方面和中国互联网与国际接轨方面做出了独特的贡献。

在整个中国互联网发展的过程中，正是因为有胡启恒院士这样的人，诸多学者才有了一定的话语权和主导权。这些人对中国互联网的发展做出了巨大的贡献，值得我们所有人铭记。

生平大事记

1934 年 6 月

生于北京，籍贯陕西省榆林市。

1959 年　25 岁

毕业于苏联莫斯科化工机械学院工业自动化专业。

1963 年　29 岁

毕业于苏联莫斯科化工机械学院研究生部，获技术科学副博士学位。

1970 年　36 岁

负责并成功研制中国第一只电动假手。

1976 年　42 岁

组织并研制成功中国第一台用于邮电部门信函自动分拣流水线的手写数字识别机。

1980 年　46 岁

应美国凯斯大学邀请，任该校电机与应用物理系访问教授，进行模式识别与人工智能决策规则和推断方法的研究。

1983—1989 年　49～55 岁

任中国科学院自动化研究所所长。

1984—1993 年　50～59 岁

任中国自动化学会理事长。

1985—1994 年　51～60 岁

任中国计算机学会理事长。

1986 年 52 岁

中国自动化研究所在胡启恒的领导下较早建立了我国模式识别国家重点实验室。

1988—1996 年 52 ~ 62 岁

任中国科学院副院长。

1994 年 60 岁

当选为中国工程院院士。

1995 年 61 岁

当选为乌克兰国家科学院外籍院士。

1996 年 62 岁

担任中国互联网络信息中心工作委员会主任委员。

2001 年 67 岁

再次被选为中国科学技术协会副主席。同年 5 月 25 日，在中国互联网协会成立大会上当选为理事会第一届理事长。

2002 年　68 岁

被聘为国家信息化咨询专家。

2013 年　79 岁

入选国际互联网名人堂，成为首位入选的中国人。

“互联网口述历史”项目致谢名单

（按音序排列）

Alan Kay
Bernard TAN Tiong Gie
Bill Dutton
Bob Kahn
Brewster Kahle
Bruce McConnell
Charley Kline
cheng che-hoo
Cheryl Langdon-Orr
Chon Kilnam
Dae Young Kim
Dave Walden
David Conrad
David J. Farber
Demi Getschko
Elizabeth J. Feinler
Eric Raymond
Esther Dyson
Farouk Kamoun
Franklin Kuo
Gerard Le Lann
Gordon Bell
Håkon Wium Lie
Hanane Boujemi
Henning Schulzrinne
Hock Koon Lim
James Lewis
James Seng
Jean Francois Groff
Jeff Moss

John Hennessy
John Klensin
John Markoff
Jovan Kurbalija
Jun Murai
Karen Banks
Kazunori Konishi
Koichi Suzuki
Larry Roberts
Lawrence Wong
Leonard Kleinrock
Lixia Zhang
Louis Pouzin
Luigi Gambardella
Lynn St. Amour
Mahabir Pun
Manuel Castells
Marc Weber
Mary Uduma
Maureen Hilyard
Meilin Fung
Michael S. Malone
Mike Jensen
Milton L. Mueller
Mitch Kapor
Nadira Alaraj
Norman Abramson
Paul Wilson
Peter Major
Pierre Dandjinou
Pindar Wong
Richard Stallman
Sam Sun
Severo Ornstein
Shigeki Goto
Stephen Wolff
Steve Crocker
Steven Levy
Tan Tin Wee
Ti-Chaung Chiang
Tim o'Reily
Vint Cerf

Werner Zorn

William J. Drake

Wolfgang Kleinwachter

Yngvar Lundh

Yukie Shibuya

安 捷

包云岗

曹 宇

陈天桥

陈逸峰

陈永年

程晓霞

程 琰

杜康乐

杜 磊

宫 力

韩 博

洪 伟

胡启恒

黄澄清

蒋 涛

焦 钰

金文恺

李开复

李 宁

李晓晖

李 星

李欲晓

梁 宁

刘九如

刘 伟

刘韵洁

刘志江

陆首群

毛 伟

孟 岩

倪光南

钱华林

孙 雪

田溯宁

王缉志

王志东

魏 晨

吴建平

吴 韧

徐玉蓉

许榕生

袁 欢

张爱琴

张朝阳

张 建

张树新

赵 婕

赵 耀

赵志云

致读者

在“互联网口述历史”项目书系的翻译、整理和出版过程中，我们遇到的最大困难在于，由于接受访谈的互联网前辈专家往往年龄较大，都在80岁左右，他们在追忆早年往事时，难免会出现记忆模糊，或者口音重、停顿和含糊不清等问题，甚至出现记忆错误的情况，而且他们有着各不相同的语言、专业、学术背景，对同一事件的讲述会有很大的差异，等等，这些都给我们的转录、翻译和整理工作增加了很大的困难。

为了客观反映当时的历史原貌，我们反复听录音，辨口音，尽力考证还原事件原委，查找当年历史资料，并向互联网历史专家求证核对，解决了很多问题。但不得不承认，书中肯定也还有不少差错存在，恳切地希望专家和各界读者不吝指正，以便我们在修订再版时改正错误，进一步提高书稿内容质量。

联系邮箱：help@blogchina.com